主　　编：沈　磊

副 主 编：白淑军

编 委 会：张　玮　黄梦石　李思濛　王　康　武俊良　马尚敏
　　　　　　高　凡　赵　亮　田　琨

参编人员（以姓氏笔画排列）：
　　　　　　仇晨思　杨铭宇　肖少英　邸　东　张　琳　张雅迪
　　　　　　张智晴　陈天泽　卓　强　胡郡仪　胡楚焱　秦红梅
　　　　　　高　原　崔梦晓　韩霖超　廖钰琪

特别感谢：中国生态城市研究院总师办
　　　　　　河北工业大学建筑与艺术设计学院
　　　　　　中国科学院大学建筑研究与设计中心

鸣谢院士、专家对嘉兴建党百年城市总规划师模式的指导以及规划建设的支持与
帮助：
　　　　　　吴良镛　仇保兴　宋春华　马国馨　孟兆祯　程泰宁　崔　恺
　　　　　　王建国　孟建民　常　青　段　进　陈　军　庄惟敏　唐　凯
　　　　　　孙安军　张　兵　刘　力　刘景梁　周　恺　崔　彤　邵伟平
　　　　　　李晓江　吕　斌　伍　江　曹嘉明　俞孔坚　张　利　马岩松
　　　　　　朱儁夫　杨沛儒　黄文亮

城——市总规划师模——式嘉兴实践

City Chief Planner Mode: Jiaxing Practice

沈磊◎编著

中国建筑工业出版社

序

在这个特殊的时期，我们来探索城市总规划师这样一种城市规划治理的新模式具有非常重要意义。自霍华德1898年出版《田园城市——通向明天的和平之路》以来，现代城市规划学日趋成熟，世界各主要大国也形成了较为完善的城市规划体系，与此同时，国内外各城市也都存在规划落地性差、城市建设管控指导性不足、城市生物和经济多样性下降、城市风貌一张脸等问题，我国进入高质量城镇化的发展阶段后，对城市规划建设的专业化要求越来越高，新时代正在呼唤新管理模式的涌现。

空间规划是一门专业性非常强的科学技术或工程学，需要长期地在宏观、中观和微观等多层面参与和把握城市发展的命脉，为城市政府决策提供规划编制、审查、实施、修改等方面的专业咨询，提升城市规划决策的理性，确保城市政府决策的科学性、统一性、前瞻性和连续性。城市总规划师制度，相当于城市政府城市规划建设决策上的"总参谋部"，在政府决策层中增加技术性参谋。现代城市需要依靠"总师"的专业知识和责任心来保证城市空间规划的高质量。

创立城市总规划师制度理由有三点：首先，既然空间规划是一门科学技术，是一门专业知识，而且是一门非常复杂的且与时俱进的科技工程专业，就需要有专业人士在具体项目的各个关口进行技术把关。其次，任何一个城市在进行空间规划方面的科学决策过程中，都必须具备民主决策制、首长负责制和技术责任制三个要素之间的平衡，需要"总师"的穿针引线和多方协调。最后，城市空间规划本质上具有"教化"属性，是向政府部门阐述真理，向百姓宣传真理和听取呼声，因此这就需要"总师"进行文明教化的组织、发动和落实，不仅要向上"教化"，也需要向下"教化"，向左右"教化"。

中国城镇化发展要想从粗放走向高质量、从灰色走向绿色、从以物质文明生产为中心走向以人民为中心，就意味着需要空间规划制度充当"火车轨道"的作用，而城市总规划师则相当于"驾驶员助理"的角色。随着城市对质量型发展的要求越来越高，我们就越需要有总规划师在中国城市转型关键期发挥好一种不可替代的重要角色。

沈磊同志在建党百年期间，担任嘉兴城市总规划师。作为总规划师，主持了中小城市、副省级城市和直辖市规划实践工作30载，历经我国城市的横断面，为提升我国城市规划的科学性、有效性和落地性，进行了积极的探索和实践，并获得2019年华夏建设科学技术一等奖，为城市总规划师模式的创建和发展奠定了坚实的基础。

嘉兴率先全国探索技术管理与行政管理"1+1"的城市总规划师模式，具有一定的历史和现实意义。嘉兴经过这段时间高强度、高标准的规划建设和整治，城市品质得到了很大的提升。这段经历的成就非常值得归纳、总结和提升。更为重要的是，嘉兴是红船启航地，是中国共产党的启航地，站在下一个百年的开局之年，以此为开端，持续对城市空间管控展开针对性的思考、研究和实践，在城市可持续、绿色高质量发展的变革中，能够率先走出中国特色的空间规划治理的新路，同时也为其他城市高质量建设输出可借鉴的模式，我们期待这本新书能起到这样一种"星星之火"之作用。

伍江

国际欧亚科学院院士、中国城市科学研究会理事长

前言

中华人民共和国成立以来，我国从计划经济逐步向市场经济体制转变，城乡规划治理的变革也经历了由城市管理、城市管制、城市管治、"多规合一"下的城市空间管治到国土空间治理体系的发展历程，由重管理、管制逐步过渡到现代空间治理体系的全面构建。

进入21世纪，资源环境约束日趋紧张，经济发展与国家生态安全、粮食安全的冲突日益加剧，城市空间治理体系中的权力主体多样且有交叉，城乡规划、土地利用规划、经济社会发展规划等多种类型规划之间的碰撞和问题也逐渐显现，城乡治理体系开始寻求解决问题的出路。

2012年党的十八大报告提出"全面落实经济建设、政治建设、文化建设、社会建设、生态文明建设五位一体总体布局"；2017年党的十九大报告提出了新时代中国特色社会主义思想的基本理论、基本路线、基本方略，把当前我国社会主要矛盾概括为"人民日益增长的美好生活需要和不平衡不充分的发展之间的矛盾"，再次明确了"五位一体"总体布局各方面的具体内容和要求，指导并推动了城乡规划治理改革进程。

2018年3月，党的十九届三中全会通过了《中共中央关于深化党和国家机构改革的决定》和《深化党和国家机构改革方案》，组建自然资源部，明确了各类主体在城市治理中的权责关系、职能分工，调整了此前由多部门负责的空间规划编制和管理职责，顺应了多年来关于推进"多规合一"的呼声，开启了我国城乡规划治理的新时代。

2019年5月，《中共中央　国务院关于建立国土空间规划体系并监督实施的若干意见》正式发布，推进"放管服"改革，以"多规合一"为基础，统筹规划、建设、管理三大环节，推动"多审合一""多证合一"等国土空间规划治理的行政体系改革。同年11月，中共中央十九届四中全会明确提出"坚持和完善中国特色社会主义制度、推进国家治理体系和治理能力现代化"的发展目标。

2020年10月《中国共产党第十九届中央委员会第五次全体会议公报》和《中共中央关于制定国民经济和社会发展第十四个五年规划和二〇三五年远景目标的建议》提出在"十四五"时期以推动高质量发展为主题，以改革创新为根本动力，以满足人民群众日益增长的美好生活需要为根本目的，加快构建以国内大循环为主体、国际国内双循环相互促进的新发展格局，推进国家治理体系和治理能力现代化，贯彻新发展理念、构建新发展格局，为实现高质量发展提供根本保证，国土空间开发保护格局得到优化，有效地推进高质量的城市化和一体化发展；充分发挥市场在资源配置中的决定性作用，更好发挥政府作用，推动有效市场和有为政府更好结合。

在新时代背景下，为进一步推进国家治理体系和治理能力现代化，与国体政体协同发展的城乡规划治理改革势在必行。伴随着高质量、现代化的国家治理理念与手段的转型发展，城乡规划治理理念从城乡空间管理管治向全域全要素整体性治理转变，充分解决不平衡不充分的社会主要矛盾。同时，国土空间规划体系的构建也为城乡规划治理改革提供了新思路与方法。为推动城乡规划治理体系的改革，亟须构建创新的规划治理模式，即城市总规划师制度，运用整体性的思维和全生命周期的理念统筹城乡规划、管理、建设、运营等环节，为实现有效市场资源配置、有为政府创新管理提供支撑，为完善国土空间规划治理体系、提升国家治理能力现代化做出贡献。

嘉兴是中国共产党第一次代表大会召开之地，是全国城乡融合示范先行区和乡村三治融合的创新实践先行区，是新时代红船精神、勇于创新的展示窗口。因此，在嘉兴市创新地建立城市总规划师制度，以嘉兴城乡规划建设为空间载体，展示嘉兴作为习近平新时代中国特色社会主义的最佳实践地，展示嘉兴城市日新月异的发展面貌。2020年8月8日，"九水连心，五彩嘉兴"嘉兴市规划建设专家研讨会在北京举办，获得吴良镛、仇保兴、宋春华、马国馨、孟兆祯、孟建民、常青、段进、陈军等院士、专家的高度肯定，也将嘉兴新时期城市发展推向全国高度，礼献建党百年。

本书主要包括8章：

第1章至第4章为理论创新篇，其中：

第1章回顾新中国城乡规划治理变革历程，讨论从城乡规划管理到管制和管治再到治理的转变过程。

第2章思考新时代城乡规划变革与治理创新诉求，解析中国特色社会主义的新时代特征，深刻认知国体政体和规体的优越性，指出城市总规划师模式的创新探索是契合现代国土空间规划治理体系的变革与创新诉求。

第3章充分论述城市总规划师制度的基础理论，总结归纳中国古代城市总规划师思想、中国现代总师模式和国外规划治理相关制度与模式，为提出城市总规划师的创新模式提供支撑。

第4章提出城市总规划师制度的模式创新，分析总师制度的价值取向、职责边界、支撑体系和实施路径。

第5章至第8章为嘉兴实践篇，其中：

第5章梳理嘉兴城市发展脉络，分别从行政建制、历史建设格局、现代建设格局、生态格局、历史文化格局等方面溯源嘉兴城市发展过程。

第6章分析嘉兴作为城市总规划师制度的实践先行区的机遇与挑战，为推动嘉兴城乡治理现代化提供目标。

第7章架构嘉兴城市总规划师制度的运营框架，分析本底规划的思想与方法，并以本底规划为抓手探讨嘉兴城市总规划师制度的内容、路径与保障措施，推动嘉兴模式成为全国城市总规划师制度的典范。

第8章重点介绍嘉兴城市总规划师团队，以"两端着力，中间把控"的工作路径，把控与指导规划和设计的编制以及项目的实施落地，包括战略研究层面的全域本底生境研究、历史文脉传承、空间战略结构谋划，以及高质实施层面的"九大板块"，展现"品质嘉兴"的重点规划与建设成果，献礼建党百年。

本书旨在通过城市总规划师理论支撑与实践经验的介绍，探讨新时代推动国土空间高质量发展的创新模式与思路，为规划管理者、决策者、设计者提供城乡空间治理的新思路与方法，为城乡高质量发展提供实施路径，为国家治理现代化提供理论与实践支撑。

目录

序

前言

上篇 理论创新篇

下篇　嘉兴实践篇

上篇

理论创新篇

回顾

新中国城乡规划
治理变革历程

新中国成立以来，我国从计划经济逐步向市场经济体制转变，城乡规划治理的变革也经历了由城市管理、城市管制、城市管治、"多规合一"下的城市空间管治到国土空间治理体系的发展历程，由重管理、管制逐步过渡到现代空间治理体系的全面构建。

1.1　1949~1978年，计划经济体制时期城市建设管理与规划

自新中国成立到改革开放，城市规划作为城市管理的重要手段与着力点发挥了一定的作用。在计划经济体制下，囿于我国国情、时代背景，特别是在综合国力提高的首要任务和压力下，我国选择以农村和农业支持城市与工业的发展道路，实行严苛的城乡二元户籍管理制度，这是一种政府控制型的城市管理模式。相应于此，该时期我国的城市规划也主要是作为建设管理工具而存在，主要是具体化地落实国家的国民经济发展计划。

我国的城市规划体系是从全盘借鉴苏联计划经济模式下的城市规划思想和技术体系发展起来的，城市规划是国民经济和社会发展计划的具体化和延续，从属于国民经济和社会发展计划，因而整个国家就形成了三段式的规划指导体系，国民经济发展计划—区域规划—城市规划，城市规划编制体系由总体规划—详细规划—修建设计构成。总体规划主要把握城市发展的性质、目标、规模和指标，详细规划作为城市局部地区在规划要求下的深化和具体化，修建设计是为城市近期的建设实施需要而作，基本是在建设计划和资金落实的前提下进行的。

这套规划模式的初步建立使得新中国成立之初我国的城市规划工作初有章法，在"一五"期间156个主要项目的落实中取得了很好的效果，发挥了重要作用。但20世纪60年代和70年代受"大跃进"思想及"三线建设"方针的影响，城市规划工作和功能被大为削弱，而1966年开始的"文化大革命"更给城市规划带来了致命性冲击，机构撤销、人员下放、资料散失，城市规划工作基本处于停滞状态。

城市规划成为在单一的计划经济和公有制背景下，为城市以工业为主的生产职能所服务，单纯依靠上级资金拨款和土地划拨而进行新建项目的计划和设计，以"形体规划"为其主要特征，目标是为城市发展描绘一个宏伟的建设蓝图和远景蓝图。从学科领域来讲，城市规划被广泛地包含和认为隶属于建筑学或者建筑艺术学的范畴，城市规划布局限于物质规划的范畴，注重对轴线、对称、城市中心广场、建筑艺术形式与宽阔平直道路的追求和建设。

总的来说，该时期城市规划缺乏对苏联城市规划经验的批判性借鉴，亦缺少对我国城市经济和社会问题的深入调查研究，因而不能契合当时国家城市建设与发展的实际。这一阶段国家经济总量与实力有限，城市建设资金的持续缺乏导致城市规划的"宏伟蓝图"沦为"墙上挂挂"的尴尬地位和角色，整个城市规划体系在国家城市管理系统中发挥的作用很有限。

1.2　1979~1989年，改革开放初期城市管制与规划变革

1978年党的十一届三中全会召开，确立了改革开放政策，开启了我国由计划经济体制向市场经济体制转轨的探索、建立、完善并全面深化改革的巨大历史进程，城市规划赖以的整体制度背景发生了根本性改变。改革开放政策简单归纳，就是对内的经济政策改革和对外的开放政策建立，并确立了以经济建设为中心的发展基本路线。

在改革开放初期，与城市管理和城市规划变革密切相关的管理制度及文件的出台，主要有两条主线，分别是《中华人民共和国土地管理法》和《中华人民共和国城市规划法》。1980年10月，国家召开全国城市规划工作会议，讨论了《中华人民共和国城市规划法（草案）》和两个关于城镇土地的草案，即《关于城镇建设用地综合开发的试行办法》和《关于征收城镇土地使用费的意见》，形成《全国城市规划工作会议纪要》，确定了"控制大城市规模、合理发展中等城市、积极发展小城市"的城市发展方针。1986年6月第六届全国人大常委会通过《中华人民共和国土地管理法》，是我国土地管理工作的重大转折和管理体制的根本性改革，标志着土地管理工作开始纳入法制轨道；1984年我国出台《城市规划条例》，首次将城市规划法制化，1989年12月第七届全国人大常委会通过《中华人民共和国城市规划法》。两个主要法律的颁布实施，成为影响城市管理、城市规划的重大事件，标志着我国的城市治理由政府主导型的城市建设管理模式向城市管制模式的转变，城市规划由建设管理手段向法制管理手段转变。

与改革开放和经济体制转型相适应，改革开放初期主要以经济特区、沿海港口城市、经济技术开发区的创立实施以及以深圳为代表的城市有偿出让国有土地使用权的土地流转试点工作为抓手进行了城市管制和城市规划的摸索实践工作。1979年，党中央、国务院批准设立了深圳等4个经济特区；1984年，党中央、国务院决定进一步开放14个沿海港口城市并逐步建立经济技术开发区；

1988年，第七届全国人民代表大会通过了建立海南经济特区的决议。

改革开放对中国城市治理体制的影响主要体现在政府向市场的"分权"和中央政府向地方政府的"分权"，市场在发展中有了一定的自主权和发展空间，地方政府也获得了更多的财政独立权，以城乡二元财政体制为特征的中国财政体系使得城市的财政体系相对独立且分得了更多的权利。随着改革开放的持续深入和市场经济初探下分权制的建立，城市治理的理念也发生了颠覆性的变化，对比于计划经济体制时期城市的发展主要依靠中央财政的直接投资或者政策优惠，从被动的命令式城市管理演化为主动的发展式城市管制。该时期城市治理工作主要为对接与承接东南亚、香港的产业转移，以创造良好的外商招商引资条件和优美的城市环境为主要目的，以获取城市发展资本、增加城市财政收入为基本目标，城市治理的过程依旧延续单向自上而下的治理过程和模式，在法制化初建的视角下秉承经济发展为主线的城市管制理念。

改革开放后，我国也出现了规模空前的城市建设高潮，为城市规划理论和实践的繁荣创造了机遇和土壤，西方的各种城市规划思想和理论也开始全面引进，这一时期城市规划规划工作以应付庞大的城市建设规模和作为协调城市建设有序发展的重要手段为主要特征，在促进城市社会经济的发展中确实起到了举足轻重的指导作用。

1.3　1990~2007年，快速城镇化阶段城市管治与规划探索

由于长期的计划经济体制，城市规划常常被认为是城乡空间发展的宏伟目标，而几乎没有考虑实现这一目标的可能性和过程，缺乏对城乡空间开发的指导和调控作用。从1990年代开始，计划经济开始向市场经济体制深入转变，企业成为市场经济活动的主体，城市空间成为承载市场的最大载体，城市规划开始侧重于对城市整体利益和公共利益的服务，以实现社会、经济、环境的综合发展为目标，提供未来城市空间发展战略，控制城市土地使用及其变化，成为调整和解决城市空间复杂发展背景下特定问题的管治手段，公共政策属性增强，逐渐成为城市管治的重要形式。

1.3.1　市场经济体制初期城市规划管理问题

1989年颁布、1990年4月1日正式实施的《中华人民共和国城市规划法》确立了我国城市规划的法定体系由总体规划和详细规划两个编制阶段组成，明

确了城市规划区内土地利用与各项建设的管理权属。由于处于计划经济向市场经济转型阶段，《中华人民共和国城市规划法》以土地公有制为主体，重点以实现国家总体发展目标为根本，协调中央政府与地方政府及地方政府各部门之间的城市建设活动，初步明确了城市规划的管理职能。

1993年11月党的十四届三中全会通过的《关于建立社会主义市场经济体制若干问题的决定》指出"社会主义市场经济体制是同社会主义基本制度结合在一起的"，明确了市场在国家宏观调控下对资源配置起到基础性作用，市场经济体制改革促使了行政分权、分税制财政管理、城镇住房市场化等制度的进一步深化改革，为地方政府充分提供了"为增长而竞争"的机遇，促进了地方政府的发展积极性，加快城镇空间的建设，推动了我国城镇化快速发展，是市场经济体制初期城市规划管理体系建立的制度基础。

1996年《国务院关于加强城市规划工作的通知》指出，城市建设和发展与建立社会主义市场经济体制、促进经济和社会协调发展关系重大，要切实发挥城市规划对城市土地及空间资源的调控作用。1998年修订通过、1999年开始实施的《中华人民共和国土地管理法》，提出对土地用途进行管制，确立了保证公共利益需要的土地征收制度；1998年在全国范围内推进住房商品化改革，1999年推行招标拍卖出让国有土地使用权，这些法规和举措都促成了城市空间的深入市场化和商品化，土地和住房的区位价值和交换价值凸显，加速了土地从资源、资产到资本的转变，地方政府城市空间增长的"利益倾向"动机增强，成为土地市场的积极参与者。

然而这一时期城市规划仍是规划蓝图、宏伟目标，缺乏对实现过程和可能性的思考，城市规划的指导和调控作用仍未能充分发挥，导致市场利益驱动下城市各项用地需求的不平衡、城市规模增长失控、城市用地结构失衡等众多问题出现，该时期的城市规划可以认为是扩张型的城市规划。城市规划管理部门在社会利益的平衡中无法保证城乡空间发展的公平，无法抗拒各种政治经济压力，致使城市规划的管理处于被动局面，城市建设和发展出现一定程度的失衡，城市规划被认为是政府决策的工具和手段，甚至在某些城市被认为是城市经济发展的绊脚石。因此，政府、学者开始反思城市规划的作用，探索城市规划管理体系的组织架构与实践应用。

1.3.2　市场经济体制下两规管治矛盾

20世纪90年代后期到21世纪初，随着市场经济体制的进一步完善，城市土地与地方经济发展密切联结，甚至成为大部分城市经济增长的主要力量，进而影响和主导了城镇化的发展模式和城市规划的主流趋势，在市场经济和土地利益的驱动下扩张型的城市规划成为主流。都市圈、城市群、经济技术产业开发区等范围内的规划项目增多，为地方政府争取更多的土地开发权和经济收益。

面对城镇化的快速扩张，中央政府建立了土地用途管制制度，以建设用地管制和耕地保护为主要抓手对土地利用开发进行管控，以土地利用规划为主导自上而下地发挥管控与指导作用，地方政府则以城市规划为抓手自下而上地发挥管控与指导作用，形成了土地利用规划与城市规划"两规"并立又对立的空间管制体系。随着城镇建设与发展，"两规"体系的矛盾逐渐凸显，土地利用规划被动响应市场主导所造成的资源过度消耗，并不能积极引导地方发展模式的转型。

2000年"十一五"规划提出积极稳妥地推进城镇化，走大中小城市和小城镇协调发展的城镇化道路，并在2000年3月《国务院关于加强和改进城乡规划工作的通知》中指出，城市规划是政府指导和调控城市建设与发展的基本手段，是关系我国社会主义现代化建设事业全域的重要工作。全国各地相继先后开展了新一轮土地利用总体规划和城市总体规划的编制工作，对规划内容与方法进行创新探索，土地利用总体规划从指标、流量式控制向耕地总量动态平衡、建设用地总量控制、土地开发整理、土地生态环境改善等内容转变，城市总体规划将重点转向了城市规模控制、设施布局、用地协调等内容，原则上城市总体规划应当与土地利用总体规划相衔接，建设用地规模不得超过土地利用规划确定的面积。但是由于"两规"的阶位顺序不清晰，编制重点各不相同，导致城市空间治理体系的矛盾未能得到解决。因此，这一阶段中央和地方之间的治理侧重点不同，中央统筹的目标和地方发展的冲动产生了拉锯式的博弈，突显出不同主体下城市空间治理体系的冲突与矛盾。

1.3.3　深化改革促使国家空间治理体系调整

进入21世纪，资源环境约束日趋紧张，经济发展与国家生态安全、粮食安全的冲突日益加剧，城市空间治理体系中权力主体之间的博弈关系弱化。从2003年十六届三中全会通过《中共中央关于完善社会主义经济体制若干问题的决定》以来，拉开了深化改革序幕，中央政府不断加强市场对城市与农村的宏观调控与管制能力，调整和改革城市规划领域的法律、法规及编制内容与方法。2005年10月讨论通过、2006年4月施行的《城市规划编制办法》明确了各类型规划编制内容，并增加了市域控制开发区域、生态环境保护与建设目标等强制性内容；2007年10月通过、2008年1月施行的《中华人民共和国城乡规划法》重点突出城乡全域的空间管控，提出了规划区范围内建设活动的合法性，并强化了规划行政权力，增加了乡村规划编制内容，完善城乡规划治理体系，并尝试协调城乡空间布局、改善人居环境、促进城乡经济社会全面协调可持续发展。

　　在可持续发展和深化改革进程中，城乡规划、土地利用规划、经济社会发展规划等多种类型规划之间的碰撞和问题也逐渐显现，因此，国家空间治理体系也开始寻求解决问题的出路。一方面，自上而下中央政府开始探索城市精细化治理模式，将理性技术与专业优势融入国家空间治理体系中，各部门逐步建立各要素的专项规划与用途管制制度，住房和城乡建设部门、国土部门分别通过强化城乡规划、土地利用规划来管治城市建设与空间发展方向，环保部门也推出生态环境规划、生态红线规划等新的空间规划类型。另外，借助日益成熟的信息化监测技术手段，自上而下地建立了专业化、标准化、定量化的空间规划体系，但是体系中各种规划之间对象交叉错位、深度参差不齐，技术规范与标准相互冲突，各级政府的城市管治效果较低。另一方面，自下而上，地方政府在权力职能、资源配置、开发建设等制度改革引导下积极寻求与中央政府精细化治理的对位关系，积极推进统一的城市空间治理体系。

1.4　2008～2018年，新型城镇化下空间治理与规划思路转变

　　2008年1月开始实施的《中华人民共和国城乡规划法》标志着城乡规划的公共政策属性的增强，重点强调了城乡统筹发展和城乡一体化规划的重要作用，进一步加强了城镇化进程，特别是人的城镇化进程。从1978年到2013年，我国城镇化率由17.9%上升到53.7%，但是土地城镇化与人口城镇化的发展速度与效益不匹配。2014年中共中央国务院印发的《国家新型城镇化规划（2014～2020年）》明确中国特色新型城镇化的质量要求、路径、目标，尝试解决土地城镇化与人口城镇化之间的矛盾，特别是解决好人的城镇化问题，强调对空间资源的使用和收益进行统筹协调，建立起以国土空间为核心的城乡规划治理体系。在新型城镇化发展过程中，我国城乡规划治理体系缺少一个统领性规划，各类规划存在内容冲突、管制重叠、互为掣肘和审批多头等问题，降低了国家空间治理的效率，因此通过"多规合一"试点工作探索国家机构改革的模式和城乡规划治理体系的架构。

1.4.1　新型城镇化战略对空间治理现代化的诉求

2013年11月党的十八届三中全会以来提出"完善城镇化健康发展体制机制，坚持走中国特色新型城镇化道路，推进以人为核心的城镇化"，根据资源环境承载能力科学构建合理的城镇化宏观布局，以城市群作为主体形态，促进大中小城市和小城镇合理分工、功能互补和协同发展，并提出深化生态文明体制改革的总目标与思路，首次从国家政策层面提出推进"国家治理现代化"的重要举措，为推动城市管理向城市治理转变提供契机。

2013年12月中央城镇化工作会议是改革开放以来的第一次城镇化工作会议，提出了推进新型城镇化的主要任务，推进农业转移人口市民化、提高城镇建设用地利用效率、建立多元可持续的资金保障机制、优化城镇化布局和形态、提高城镇建设水平和加强对城镇化的管理等。通过城市发展方式转变和管理机构改革，推进城乡规划治理体系的建立与治理能力的提高，从根本上解决人地矛盾、环境污染、交通拥堵等突出的城市病。

2014年3月中共中央、国务院印发的《国家新型城镇化规划（2014~2020年）》将新型城镇化道路概括为"以人为本、四化同化、优化布局、生态文明、文化传承"，进一步延伸了协调发展的城镇化发展思路，将人作为城镇化的核心，将生态文明融入城镇化的全过程。城乡规划作为调控新型城镇化发展过程、协调城市社会经济关系的空间治理手段之一，受到传统城市管理框架的限定和自身职能权力的约束，难以对城市空间进行整体性规定，使规划愿景与规划实施之间处于高度分离的状态，削弱了城乡规划在国家治理体系中的作用，因此需要进一步对城乡规划体系乃至空间规划体系进行深化改革，发挥城乡规划在国家治理体系中的作用。

1.4.2　"多规合一"试点工作中的城乡规划治理探索

2014年8月，《关于开展市县"多规合一"试点工作的通知》要求推动经济社会发展规划、城乡规划、土地利用规划和生态环境保护规划等规划的"多规合一"；2014年12月，由国家发展和改革委、国土资源部、环境保护部和住房和城乡建设部牵头，全国28个市县陆续开展了"多规合一"的试点工作，以强化政府空间管控能力、改革政府规划体制为目标，主要解决市县规划自成体系、内容冲突、缺乏衔接协调等问题。2016年10月，中央全面深化改革领导小组第二十八次会议强调，开展省级空间规划试点，为实现"多规合一"，建立健全国土空间开发保护制度积累经验。因此，推进"多规合一"，构建空间规划体系，已成为推进国家治理能力和治理体系现代化、助力生态文明建设和新型城镇化的重要举措。随着试点实践工作和理论探索研究的深入，各方面都逐渐倾向于先推进土地利用规划和以城乡总体规划为代表的空间类规划的"多规合一"，再整合社会经济发展规划和空间类规划。上海市、广州市、无锡市、海南省等进行了"多规合一"的有益实践，尝试探索城乡规划治理体系，建立高效协同的规划工作组织，以深入融合规划内容支撑规划成果、以综合有效的实施机制推动深化落实，最终以"多规合一"模式探索城乡规划治理方式的总体框架，促进规划实施过程中多元治理主体作用的发挥。

1.4.3　国家机构改革对城乡规划治理思路的转变

在逐步完善国家治理体系与治理能力现代化的进程中，2018年3月，党的十九届三中全会通过了《中共中央关于深化党和国家机构改革的决定》和《深化党和国家机构改革方案》，组建自然资源部，明确了各类主体在城市治理中的权责关系、职能分工，中央政府强调战略指引、底线管控、局部聚焦，地方政府关注要素配置、增质提效、权益协调，发挥多级主体的积极作用。此项改革调整了此前由多部门负责的空间规划编制和管理职责，顺应了多年来关于推进"多规合一"的呼声，开启了我国城乡规划治理的新时代。

按照改革方案，新组建的自然资源部行使"山水林田湖草"生命共同体保护、国土空间用途管制的基本职责，多部委"城市管理"模式逐渐向统一的"城市治理"模式转变，逐步解决空间边界冲突、用地权属冲突、管控与规划时限冲突等问题。自然资源部推动建立的空间规划体系是城市治理的外在表现，不同层级和不同部门对国土空间开发与保护权力的分配才是城市治理的核心，从宏观层面的国土空间规划政策引导、中观层面国土空间规划政策落实、微观层面国土空间管制三方面构建城乡规划治理体系。

1.5　2019年至今，国土空间规划治理体系的初建

新时代国土空间规划体系的构建立足于"国家治理""城市治理"视角，是国家治理体系和治理能力现代化建设在城乡规划领域的重要创新实践。2019年5月，《中共中央　国务院关于建立国土空间规划体系并监督实施的若干意见》中指出，"到2025年，形成以国土空间规划为基础，以统一用途管制

为手段的国土空间开发保护制度，到2035年，全面提升国土空间治理体系和治理能力现代化水平"，系统地建立贯穿中央意志、落实基层治理、面向人民群众的"五级、三类、四体系"国土空间规划体系，为实现国土空间治理体系与治理能力的现代化提供依据。

国土空间规划是各级政府调控空间资源、指导城乡发展、维护社会公平和保障公共安全的重要公共政策，是综合、全面、系统、协调配置各类资源的重要抓手，是国家治理的重要工具。在国土空间规划体系建立过程中，规划专业技术与法规制度的保障机制、全域三区三线的空间管控范畴、规划实施管理的效力机制等是完善城乡规划治理体系的重要内容。

1.5.1　专业技术与制度保障机制的完善

推进国土空间规划治理体系和治理能力现代化，亟须立足城市发展实际和人民需求，建立健全的国土空间规划治理制度体系是保障城乡规划治理科学化、精细化、智能化水平的关键基础。转变观念、创新理念是建立国土空间规划治理制度体系的突破口，从过去的政府管理思维转变为政府主导、社会协作、民众参与的多主体治理思维，通过法律制度严格规范相关机构的治理行为，促进有利于城市发展和建设的多方主体能够积极主动参与到国土空间规划中来。顶层设计、专业治理是实施国土空间规划治理制度体系的核心，通过融合城乡规划专业、土地管理专业、自然地理专业等专业化治理方法，将国土空间的全要素规划做细做实，提高国土空间问题的精准研判和精准施策，提升城市治理的精准度和效率。法律制度、规范执法是保障国土空间规划治理制度体系的关键，在《中华人民共和国宪法》《中华人民共和国民法典》等法律指导下，制定国土空间规划法及相关法律、规范、条例体系是提高国土空间规划治理的法治化水平的关键，通过对规划编制、审批、许可和管理的各个阶段进行约束和管制，充分发挥国土空间规划的公共政策作用（图1-1）。

1.5.2　全域"三区三线"空间管控机制的加强

国土空间规划体系是国家城镇化发展到一定阶段，为协调原有各类各级空间性规划和理顺部门关系，实现国家和地区竞争力提升、可持续发展等目标而建立的。具有中国特色的国土空间规划体系是国家治理的重要抓手，改善了传统规划内容庞杂且不健全、管理部门缺乏衔接和协调的矛盾，建立了以全域"三区三线"为核心的国土空间用途管制，通过对生态、土地、水、气候、环

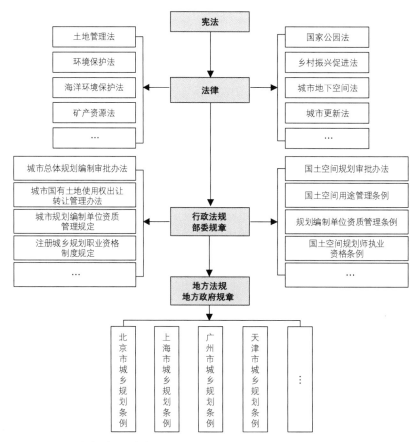

图1-1　国土空间规划的法律体系

境等本底进行评价与综合分析，划定生态保护红线、永久基本农田、城镇开发
边界（三线），划分农业空间、生态空间和建设空间（三区）。在"三区三线"
的实施层面下，也形成国家、省域、市县域、乡镇域、村庄等五级事权的城市
治理体系，明确了各级事权的工作职能，包括行政区全域范围涉及的国土空间
保护、开发、利用、修复等总体规划内容，对具体地块用途和开发强度的可实
施的详细规划内容，以及对特定区域或者河流、海域特定功能区域空间开发保
护的专门性的专项规划内容，最终形成"横向到边、纵向到底"的国土空间规
划体系，明确国家治理体系的空间管控内容。

1.5.3　规划实施与监督管理机制的健全

为保证国土空间规划治理效力，除了建构系统完整的国土空间规划编制体系，完善行政机制和加强法律保障，还应保持一定的开放度，建构基本稳定、适度灵活的实施、监督和管理的效力机制系统，形成治理过程中政府、市场和社会多方协同机制，关注市场对空间资源的诉求和影响及公众的参与和选择，促使国土空间规划成为城乡规划治理最新的空间抓手，为提升国家治理体系的现代化能力和水平奠定空间基础、提供技术保障。

国土空间规划治理的效力机制可以通过规划实施的两个关键要素来实现。一是政策工具的合理选择，在市场经济体系体制下，规划实施要从行政手段向综合手段转变，包括行政、法律、经济、技术等，可以参考发达国家推进空间规划实施的成功经验，从国家政策层面创新完善财政、土地、人口、环境等配套制度，重点推进完善主体功能区制度、国土空间开发保护制度，建立国土空间规划实施的长效机制，完善相关政策，切实保证国土空间规划目标和任务的落实，提高城市治理的效力。二是规划实施过程的有效监督管理，现行的五级三类国土空间规划体系就是以空间治理现代化为导向，通过国土空间信息平台，对规划编制、审批、实施、监管、评估、调整的动态过程进行全生命周期监督管理，有效约束国土空间开发行为、保护国土空间安全格局。从本质上来说，国土空间规划治理效力能否得到保障的关键在于对土空间有效有力的管控与监督，其中动态监测、及时预警、定期评估共同组成了核心监督体系，三者相互关联、层层紧扣（图1-2）。通过规划指标和边界的动态预警，及时反馈给监测和评估系统，实时监测国土空间保护和开发利用行为，对国土安全、区域协调、绿色发展、宜居环境等方面进行专项评估，评估结果为国土空间优化调整与政策供给提供依据，三者形成循环的相互调节与反馈机制系统，进而保证国土空间规划治理效力。

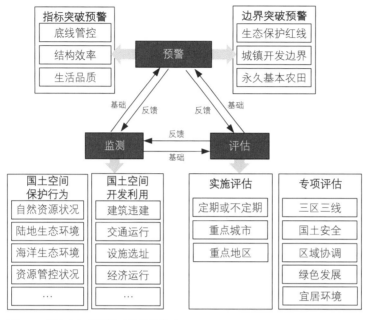

图1-2 国土空间规划体系的监督体系

图片来源：钟镇涛，张鸿辉，洪良，等．生态文明视角下的国土空间底线管控："双评价"与国土空间规划监测评估预警[J].自然资源学报，2020，35（10）：2415-2427

思考

新时代城乡规划变革

与治理创新诉求

2012年党的十八大报告提出"全面落实经济建设、政治建设、文化建设、社会建设、生态文明建设五位一体总体布局";2017年党的十九大报告提出了新时代中国特色社会主义思想的基本理论、基本路线、基本方略,把当前我国社会主要矛盾概括为"人民日益增长的美好生活需要和不平衡不充分的发展之间的矛盾",再次明确了"五位一体"总体布局各方面的具体内容和要求;2019年11月党的十九届四中全会明确提出"坚持和完善中国特色社会主义制度、推进国家治理体系和治理能力现代化";2020年10月《中国共产党第十九届中央委员会第五次全体会议公报》和《中共中央关于制定国民经济和社会发展第十四个五年规划和二〇三五年远景目标的建议》深入分析了我国发展环境面临的深刻复杂变化,认为我国仍然处于重要战略机遇期,提出在"十四五"时期以推动高质量发展为主题,以改革创新为根本动力,以满足人民群众日益增长的美好生活需要为根本目的,加快构建以国内大循环为主体、国际国内双循环相互促进的新发展格局,推进国家治理体系和治理能力现代化,贯彻新发展理念、构建新发展格局,为实现高质量发展提供根本保证,国土空间开发保护格局得到优化,有效地推进高质量的城市化和一体化发展;充分发挥市场在资源配置中的决定性作用,更好发挥政府作用,推动有效市场和有为政府更好结合。

在新时代背景下,在进一步推进国家治理体系和治理能力现代化的要求下,与国体政体协同式的城乡规划治理改革势在必行。目前国家治理理念转变为基于全域全要素的整体性治理理念,在这样的理念指导下,充分认知新时代特征和社会主要矛盾,明确国土空间规划改革的新思路和方法,构建创新的规划治理模式,即城乡总规划师制度,为实现有效市场资源配置、有为政府创新管理提供支撑,为完善国土空间规划治理体系、提升国家治理能力现代化作出贡献。

2.1 中国特色社会主义的新时代特征

我国正处于实现中华民族伟大复兴的关键时期,在改革开放以来取得的重大成就基础上,国家发展与治理模式也逐渐从高速度、效率型向高质量、整体型转变。在新时代发展背景下,我国着力解决城乡发展主要矛盾、深化改革国家空间治理体系、积极促进区域生态文明建设、创新推动国土空间高质量发展,统筹推进"五位一体"的总体布局。

2.1.1　着力解决城乡发展主要矛盾

中国特色社会主义进入新时代，党的十九大把当前我国社会主要矛盾概括为"人民日益增长的美好生活需要和不平衡不充分的发展之间的矛盾"。我国社会生产力水平总体上显著提高，社会生产能力在很多方面进入世界前列，但是不平衡不充分的城乡发展问题尚未解决，发展质量和效益、创新能力、经济水平、生态环境保护、城乡区域发展差距等方面都面临着严峻挑战。

城乡规划治理中的"不平衡不充分"主要体现在区域空间发展不平衡、新型城镇化的保障制度不充分、城乡要素流动不充分、城镇主体功能发挥不充分、空间供给不充分等方面。为解决这些主要矛盾，建立整体的、系统的城乡规划治理体系，从顶层设计角度确定国土空间治理的目标，即构建安全且具有韧性的生态格局、有竞争力且协调的城镇格局、可持续且有魅力的文化格局、幸福且包容共享的人居环境等，进而落实以人为本的新型城镇化发展战略。

2.1.2　深化改革国家空间治理体系

2018年2月党的十九届三中全会审议通过的《中共中央关于深化党和国家机构改革的决定》、3月中共中央印发的《深化党和国家机构改革方案》提出，国家机构实行全面深化改革，设立自然资源部，由国家发展和改革委员会、住房和城乡建设部、水利部、农业部、林业局、海洋局等部委的部分职责整合后组建而成，主要目标是为统一行使全民所有自然资源资产所有者职责，实现山、水、林、田、湖、草的整体保护、系统修复、综合治理。国务院的机构改革充分体现了国家治理创新思路，实质是国家对城乡规划理念的转变，以全局观念和系统思维谋划推进生态文明建设，通过国土空间规划体系的建立对区域发展进行指导和约束，真正实现"多规"的有机融合，提升国家治理能力。

2019年5月，《中共中央　国务院关于建立国土空间规划体系并监督实施的若干意见》（以下简称《若干意见》）正式发布，推进"放管服"改革，以"多规合一"为基础，统筹规划、建设、管理三大环节，推动"多审合一""多证合一"等国土空间规划治理的行政体系改革。在自然资源管理框架下，基于五级三类国土空间规划体系有机整合了既有规划，从纵向上协调处理国家、省、城市、县乡等不同层级空间规划的权责关系，从横向上协调处理各类型规划之间的关系。这一体系改变了传统城乡规划行政主体、技术主体、实施主体的空间管理职权交叉的矛盾，平衡各方利益和各类要素的关系。在遵循上位规划有效制约下位规划、下位规划服从上位规划的原则基础上，重点强调各级国土空间规划的基础性、约束性、综合性和战略性，有利于维护空间系统的整体性，从根本上消除"多规"及其主体的冲突。

2.1.3　积极促进区域生态文明建设

2015年《生态文明体制改革总体方案》首次明确提出"建立以空间治理和空间结构优化为主要内容的空间规划体系，构建以空间规划为基础、以用途管制为主要手段的国土空间开发保护制度，并且应当以资源环境承载能力评价结果作为规划的基本依据"。这标志着我国生态文明建设迈入新的阶段，同时也为国土空间规划体系建立奠定了基础。自2018年成立自然资源部以来，《中共中央　国务院关于建立国土空间规划体系并监督实施的若干意见》《自然资源部办公厅关于开展国土空间规划"一张图"建设和现状评估工作的通知》等一系列国土空间规划政策文件均对国土空间规划体系的构建、理论、方法、落实提出了具体要求。

生态文明建设和国土空间规划体系构建之间存在辩证关系。生态文明建设是国土空间规划体系的核心价值观；国土空间规划体系为践行生态文明建设提供空间保障，是生态文明新时代推进国家治理体系与治理能力现代化的重要举措，也是实现"两个一百年"奋斗目标和中华民族伟大复兴、实现中国梦的必然要求。习近平总书记曾多次强调要坚持底线思维，以国土空间规划为依据，把"三区三线"作为调整经济结构、规划产业发展、推进新型城镇化不可逾越的红线，底线管控是保证国家生态安全、粮食安全、经济安全的基础，是推进生态文明建设的抓手。因此，在新时代中国特色社会主义思想的引领下，建立以整体性治理为理念、以底线思维为导向的国土空间规划治理体系对促进区域生态文明建设具有重要意义。

2.1.4　创新推动国土空间高质量发展

我国经济和社会发展进入新时代，由高速增长阶段转向高质量发展阶段，处于发展方式、经济结构、增长动力转型期。为应对转型需求，国土空间规划治理体系的创新是推动高质量发展、促进国家治理现代化的空间基础。

（1）构建"一导三高"的国土空间规划体系

2019年，《中共中央　国务院关于建立国土空间规划体系并监督实施的若干意见》明确了国土空间规划"一导三高"的核心理念，"一导"指以生态文明为导向，明确了国土空间规划的核心是生态文明建设，"三高"指通过生产空间、生活空间、生态空间等三类空间的科学布局推进高质量发展、引导高品质生活、实现高水平治理。高质量发展是正向动态的变化过程，可以通过建立科学评估、准确规划、完善机制的国土空间体系落实。全国统一、责权清晰、科学高效的国土空间规划体系能够推进生态文明建设，其战略性、科学性、协调性和操作性等特征有利于提升国家空间治理的现代化水平。

（2）区域协调发展和新型城镇化建设

2020年10月《中共中央关于制定国民经济和社会发展第十四个五年规划和二〇三五年远景目标的建议》提出"优先发展农业农村，全面推进乡村振兴；优化国土空间布局，推进区域协调发展和新型城镇化；推动绿色发展，促进人与自然和谐共生"。进一步明确了"区域协调发展和新型城镇化建设"对国土空间治理体系构建的重要意义，是解决不平衡不充分的社会主要矛盾的关键，是推进国家社会经济高质量发展的抓手。

党的十九大报告明确提出实施区域协调发展战略、乡村振兴战略等，为系统解决区域、城乡等方面的发展不平衡问题做出了顶层设计，主动向全域平衡和系统转化、多元开放和合作共赢、城乡融合和兼顾公平的治理体系转变，为新型城镇化发展提出了科学路径。在区域协调发展战略背景下，构建五级三类的国土空间规划体系体现了"纵向协作、横向联合"的区域协调发展思路，国家级空间规划侧重理念和政策指引，省级空间规划侧重各城市难以协调的区域问题，市县级空间规划则重点体现控制性和实施性，形成完整的行政职权、要素统筹、空间管制的传导体系，为国家治理体系提供有效的空间指导。

中央城镇化工作会议指出，城镇化是现代化的必由之路，推进城镇化是解决农业、农村、农民问题的重要途径，是推动区域协调发展的有力支撑。改革开放以来，我国城镇化快速推进，城镇化率由1978年17.92%增长到2019年的60.6%，推动了我国经济社会的高速发展，但是仍存在着沿海与内陆、东部与西部、城镇与乡村发展的不平衡问题。为解决区域发展不平衡不充分的主要矛盾，国土空间规划通过国家自上而下的顶层设计和区域间多元主体互动协调机制来推动新型城镇化建设与城乡发展转型。

2.2　基于国体政体优越性的城乡规划治理变革

在"五位一体"总体布局、两个百年奋斗目标的指引下，我国城乡规划治理也面临着巨大的变革，践行以人为本价值观、民主决策治理，建立国土空间规划体系，提出全域全要素的生态性、系统性、整体性和综合性，运用科学智慧的规划方法提高国家治理能力现代化水平。

2.2.1　国体政体的优越性

（1）以人为本的价值观转变

2019年11月党的十九届四中全会强调"坚持党的领导、人民当家作主、依法治国的有机统一"，提出"坚持和完善中国特色社会主义制度、推进国家治理体系和治理能力现代化的总体目标"。这一总体目标体现了中国特色社会主义制度无比强大的生命力和优越性，党的领导是人民当家作主和依法治国的根本保证，人民当家作主是社会主义民主政治的本质特征，依法治国是国家治理的基本方法。坚持三者有机统一是加强和完善国家治理的战略选择。国土治理体系的构建体现了以人为本价值观的转变，紧紧围绕"五位一体"总体布局、协调推进"四个全面"战略布局建立国土空间规划体系，坚持以人民为中心，为国家发展战略的落地实施提供空间保障。

在以人为本的价值观引领下，传统以增量开发为主的发展模式难以适应新时代的需求，亟须建立创新的规划治理体系，通过空间资源的集约高效利用与管控来提升城镇化发展质量，统筹社会经济发展与国土空间开发，缩小区域和城乡差距，推进生态文明建设。以人为本价值观下的规划治理体系平衡了人与生产、人与生活、人与生态的关系，实现了自存和共存的最高平衡，引导各方利益达到最佳平衡点，实现国土空间资源的合理使用和分配。总而言之，现阶段的国土空间规划体系应该统筹集约、均衡、健康的发展理念，对国土空间资源进行统筹开发和保护，探索以人为本价值观下高质量发展、高水平均衡和高品质生活的发展模式，创造美好人居环境。

（2）基于民主决策的空间治理需求

我国国体政体优越性决定了践行社会主义民主是国家治理法治化的必然要求，在构建规划治理体系过程中，应当将人民至上、民主决策融入国土空间规划中，实现全民参与国土空间的治理，最大限度地扩大公民及社会组织的话语权和参与权，保障全体人民的最广泛利益，体现人民当家作主，实现从传统城乡规划蓝图的技术绘制到民主决策的空间治理转变。

依法治国是党领导人民治理国家的基本方略，是建设中国特色社会主义的必然要求和重要保障。深化国家机构改革必须坚持全面依法治国原则，统筹各类机构设置，建立系统完备、科学规范、运行高效的职能体系，全面提高国家治理能力和治理水平。规划治理的法治体系需要通过"良法之治"实现"善治"，以"善治"提升"良法"的生命力，"良法善治"是民主政治得以实现的基础，是实现治理现代化的有效途径。映射在国土空间规划体系中，国土空间规划的良法包括规划法律体系、法规规章、技术标准和规划方案组成的法律和制度集合，善治则是国土空间规划的治理能力，是基于公共利益导向的治理有效、权责统一、多方参与的空间治理活动，是国土空间治理体系现代化的终极目标。

2.2.2 城乡规划治理体系变革响应

在以人为本价值观、民主决策治理的指引下，全面深化"放管服"改革，持续推进"简政放权、放管结合、优化服务，不断提高政府效能"是当前国家机构改革的根源。在国土空间规划改革之前，规划部门繁多、职权分散、空间冲突等问题使各类型规划难以发挥价值。2014年国家多部委提出28个市县开展"多规合一"试点工作，尝试基于"多规合一"深化"放管服"改革；2018年国家机构改革，将原来分散在国家发展和改革委、住房和城乡建设部、林业部、水利部的各类空间规划职能整合到自然资源部，响应"多规合一""多审合一""一张蓝图"等全生命周期管理的国家治理思路改革，体现了国家构建整体性空间治理体系的基本逻辑。

在自然资源管理框架下建立国土空间规划体系，需要维护全要素的整体性，注重规划的基础性、约束性、综合性与战略性的平衡，区分不同层级空间规划的职能，吸收原有城乡规划、土地利用规划、社会经济发展规划的优势。2020年10月，自然资源部庄少勤副部长为河南省领导干部作题为《国土空间规划的新理念、新思维、新动能》的专题讲座时指出，"规划由不确定性驱动，没有危机感就没有前瞻性，缺乏危机感就缺乏创造性；规划不是延续过去，也不是预测未来，而是驾驭不确定性，塑造更好的未来"。面对全球发展的不确定性和国内发展形势的危机感，在国土空间规划治理体系中，五级政府的角色分工、三类空间规划编制重点以及传导国家空间管控意志、协调区域空间发展和管理地方空间事务的作用各不同；同时，自然资源管理与城市建设管理、城市设计、生态环境保护等内容都需要进行统筹与协调，因此，亟须建立整体性的规划治理制度，坚持总揽全局、协调各方的领导核心作用，实现国土空间规划治理体系的建立。

2.3　现代国土空间规划治理体系的创新诉求

在适应新发展阶段、贯彻新发展理念、构建新发展格局的背景下，现代国土空间规划治理体系坚持系统观念，遵循系统运行逻辑，注重统筹、协同、创新等系统要素，推动有效市场和有为政府的结合，为推进"放管服"改革提供强力支撑。现代国土空间规划治理体系是以全域全要素为主要治理内容，实现两个"统一行使"职责，并完成空间战略制定、法制建设、调查监测、监督执法、技术发展等职能的高度统一。

因此，在新时代中国特色社会主义生态文明体制改革背景下，国土空间规划治理体系的建立是推动国家治理现代化的空间抓手，其编制审批、法规政策、技术标准、实施监督等内容创新是实现国家治理体系创新的切入点。

2.3.1　编制审批体系创新

国土空间规划编制审批体系的创新是实现治理体系现代化的核心，《若干意见》明确提出国土空间规划要"体现战略性、提高科学性、强化权威性、加强协调性、注重操作性"。从生态优化、绿色发展角度因地制宜编制国土空间规划，强化底线约束，预留弹性空间；运用技术手段提高规划编制水平，体现国土空间规划的科学性；从编制主体、行政审批主体等方面平衡与协调国土空间规划编制流程；从健全规划传导机制、明晰规划编制职权的角度提高规划的可操作性。

在规划编制重点方面，全国国土空间总体规划侧重战略性，是全国国土空间保护、开发、利用、修复的政策和总纲；省级国土空间总体规划侧重协调性，从下而上地落实全国国土空间规划，自上而下地指导实现国土空间规划编制，在横向空间层面、纵向行政层面进行协调对接；市县、乡镇国土空间总体规划是对上级规划要求的细化落实和具体安排，是落实具体空间开发、保护的依据。专项规划则侧重于基础设施、公共服务设施、生态环境、文物保护、林业草原、海岸带、自然保护地等内容的统筹编制。详细规划则是对具体地块用途和开发建设强度等做出实施性安排，是核发"两证一书"、进行各项开发建设的法定依据。在规划审批方面，创新性地建立规划审查备案制度，按照"谁审批、谁监管，管什么、批什么"的基本原则，通过"一张蓝图"管到底，进一步深化"放管服"改革机制，完善规划审批制度改革、投资审批制度改革等机制，提高审批效率，提升空间治理现代化水平。

2.3.2　法规政策体系创新

国土空间规划法规政策体系是完善治理体系的法律支撑。通过梳理与国土空间规划相关的现行法律法规和部门规章，对"多规合一"改革涉及突破现行法律法规规定的内容和条款，按程序报批，取得授权后施行，与国土空间规划新制定的法律法规相衔接，为规划治理提供法律支撑。同时在配套政策制定过程中，适应主体功能区要求、自然资源保护、重点地区发展需求、空间开发利用等，保障国土空间规划有效实施。

《若干意见》明确了"到2020年，逐步建立国土空间规划法规政策体系；到2025年，健全国土空间规划法规政策"。现阶段《国土空间规划法》已列入十三届人大常委会立法规划中的重要项目，在充分研究论证并具备立法条件时开展立法工作。在国土空间规划法立法之前，国务院、自然资源部相继出台了《省级国土空间规划编制指南（试行）》《资源环境承载能力和国土空间开发适宜性评价指南（试行）》《市级国土空间总体规划编制指南》，以及各城市的地方指南与指导意见，为全国开展国土空间规划工作提供指导，保证规划成果科学、规范、有效，提高相关规划的有效性和法律性，为国土空间规划治理实施提供法律保障。

2.3.3　实施监督体系创新

国土空间规划实施监督体系是实现治理体系现代化的途径。国土空间规划遵循下级规划服从上级规划、先规划后实施的基本原则，坚持"多规合一"规划实施与监督内容上下衔接，体现规划的权威性。在规划实施层面，创新性地建立规划动态监测评估预警及实施监管机制，定期进行规划评估，结合国民经济发展实际和规划定期评估结果对国土空间规划进行优化完善。

为推动"放管服"改革，在国土空间规划治理体系中进一步强化了规划的权威性，规划一经批复，任何部门和个人不得随意修改、违规变更，因国家重大战略调整、重大项目建设或行政区划调整等确需修改的，须先经规划审批机关同意后，才可按法定程序进行修改；同时需要以国土空间规划为依据，对所有国土空间分类实施用途管制，在城镇开发边界内实行"详细规划+规划许可"的管制方式，在边界外实行"约束指标+分区准入"的管制方式，以保证规划实施的有效性。

2.3.4　技术标准体系创新

国土空间规划的技术标准体系是各类规划编制、审批、实施和管理的技术依据。在技术规范、公共政策、信息化支撑等方面进行系统化、专业化、精细化的深化研究，从而实现"目标—程序—内容—品质—使用"等各个环节的协调一致。国土空间规划技术标准体系的创新与新时代发展诉求相匹配，在技术规范、公共政策和信息化支撑三方面改变了传统技术标准体系编制的被动状态、行政界限不清晰的矛盾与问题。

首先，在技术规范层面，国土空间规划的技术标准体系必须有法律支撑，通过背景法、主干法、专项法、相关法到技术条例的一整条逻辑线路指导来实现国土空间规划的治理创新。根据《2020年度自然资源标准制修订工作计划》，《国土空间规划制图规范》《国土空间规划城市设计指南》《城区范围确定标准》等9项拟申请报批的技术标准，将在2021年年底前完成制修订任务。

其次，在公共政策层面，《若干意见》中也提出"充分发挥城市设计、大数据等手段改进国土空间规划方法"，明确了城市设计在提升城市环境品质中的重要作用，在价值导向上强调历史文脉传承、人文社会包容、空间品质特色等基本原则，从技术方法管控上强调城市空间功能组织与风貌特色的关系，最终以公共政策手段对国土空间的环境品质进行响应，提升"一张蓝图"的地方特色。

最后，在信息化支撑层面，由于规划编制、审批和实施管理的不确定性与复杂性，国土空间规划治理体系从信息化数据共享、可视化分析、规划决策制定、评估监测等方面构建了完整的技术支撑体系，科学构建国土空间规划数据库，形成基础数据共享、监督管理同步、审批流程协同、统计评估分析、决策咨询服务的统一空间规划信息平台，辅助规划编制和实施管理，推动国土空间规划"数据驱动"的空间治理模式，加强先进技术在国土空间规划治理中的推广和应用，整体提升了国土空间治理体系的现代化和智能化水平。

2.4　城市总规划师模式的创新探索契合变革与创新诉求

在现代国土空间治理体系的创新建立过程中，城市总规划师制度和模式应运而生。城市总规划师模式创新契合党的十九届五中全会精神，以创新为主线，在城乡规划治理和工作领域进行创新、探索和实践，期望能够为国土空间规划体系的有效实施、城乡规划治理能力的提高以及建立国土空间开发保护新格局作出贡献。更期望可以建立人民满意的城市,实现乡村振兴战略,为新型城镇化战略的实施提供可借鉴和可落地的思路和方法。

2.4.1　探索实现有效市场的资源配置

国家机构改革的目的就是期望以国家治理体系和治理能力现代化为导向,以推进党和国家机构职能优化协同高效为着力点,改革机构配置,优化职能配置。而国务院机构改革的重点则是着眼于转变政府职能,围绕推动高质量发展,坚决破除制约,使市场在资源配置中起决定性作用、更好发挥政府作用。组建国家自然资源部,统一行使国土空间用途管制和生态保护修复职责,着力解决自然资源所有者不到位、空间规划重叠等问题。而城市总规划师制度的探索实施可以发挥其非政府角色、规划的公共政策属性、技术管理优势,完善公平开放的规划设计市场,实现规划编制、规划审核、重大项目招商的市场化运作,提高市场在规划设计领域的资源和要素配置中的有效作用,更好地实现资源对位和配套。

2.4.2　创新实现有为政府的技术管理

全面推行改革开放,进行高标准市场体系建设,并不意味着政府职能的丧失或者边缘化,而是以"放管服"改革为核心,优化政府职能配置,在有效市场资源配置中实现有为政府职能。城市总规划师制度和模式立足于各城市国土空间规划委员会平台、遵从自然资源与规划局的规章制度、遵守国土空间规划的法律法规体系,可以为实现有为政府职能提供技术管理依据。

第 3 章

根基

—— 城市总规划师制度的

—— 理论基础与实践溯源 ——

国土空间规划作为国家治理体系在城乡规划领域的实现抓手，是国家机构改革后对城乡规划领域的全新整合和创新，既是一门专业的技术，又是一个法制的流程，在高质量发展背景之下更是一项文明的行动。面对百年未有之大变局，城市总规划师制度作为一种新的模式创新，以实施为导向、以技术为手段、以管理为目标，通过技术管理和行政管理"1+1"的方式落实国土空间规划在城乡治理领域的公共政策属性并发挥其重要作用，实现对城乡规划和城乡治理的有效管控。

3.1　城市总规划师制度的基础理论支撑

城市总规划师制度的基础理论体系由系统论、博弈论和全生命周期理论构成。与工作内容和工作边界相对应，为实现对城乡国土空间全域全要素横向到边的整体把控，整体性和系统性是其核心的基础理论和方法论思想；与规划过程和目标相对应，为实现对城乡规划治理的全流程管控，全生命周期理论是实现城乡规划治理纵贯到底的核心理论；与城乡规划工作流程及公共属性相对应，以人的价值和利益为核心，规划治理过程中必须对不同部门、不同利益主体、不同层次和领域的规划进行平衡协调，需要以博弈论的基本思想和理论进行指导。

3.1.1　系统论下的整体把控

（1）系统论的基本原理

"系统"一词由来已久，在古希腊是指复杂事物的总体。近代，一些科学家和哲学家常用系统一词来表示复杂的具有一定结构的整体。从宏观世界到微观世界，从基本粒子到宇宙，从细胞到人类社会，从动植物到社会组织，无一不是系统的存在方式。虽然人类早就有关于系统的思想，但近代比较完整地提出系统理论的，则是奥地利的贝塔朗菲，1945年其发表的《关于一般系统论》标志着系统论的诞生。贝塔朗菲认为，任何机体都是一个系统。社会系统学派创始人巴纳德认为组织就是两个人或两个人以上进行有意识协调的活动的系统，社会中的各种组织都是这样的协作系统，系统是有级别的，社会就是由许多系统组织构成的。

不同学者对系统有不一样的理解，但统一的认知是，系统被描述成一个复杂的整体，不是一些事物的简单集合，是由相互联系、相互作用的若干要素组成的表现为新功能的有机整体。系统既可以大到无边无际的宇宙、连绵不断的城市群，也可以小到分子、原子、细胞、微粒等，具有整体性、层次性、开放性、突变性、稳定性、自组织性、相关性等特征。

系统的整体性是指其是由若干要素组成的具有一定的新功能的有机整体，各个系统子单元要素一旦组成系统整体，就具有独立要素所不具有的性质和功能。层次性是由于组成系统的诸要素的种种差异，从而使系统组织在地位与作用、结构与功能上表现出等级秩序性，形成了具有质的差异的系统等级，每个系统都是比其更大的系统的一部分，系统的层次性正如一环套一环的永无止境的连环套一样。开放性是系统具有不断地与外界环境进行物质、能量、信息交换的性质和功能，系统向环境开放是系统得以向上发展的前提，也是系统得以稳定存在的条件。突变性是系统通过失稳从一种状态进入另一种状态，是一种突变过程，它是系统质变的一种基本形式，突变方式多种多样；同时系统的发展还存在着分叉，从而有了质变的多样性，带来系统发展的丰富多彩。稳定性是在外界作用下系统具有一定自我稳定能力，能够在一定范围内自我调节，从而保持和恢复原来的有序状态、保持和恢复原有的结构和功能。系统的突变性与稳定性是相互联系和影响的，可以利用这一特性在一定稳定阈值范围内追求系统的突变。自组织性是指系统具有自发性组织机能，这种自发性组织机能使系统得以从无序到有序，从低级有序到高级有序演进，城市中最明显的自组织现象便是聚集，许多类似的产业会自发聚集在某个区位，形成某种主导功能区。相关性是指系统各要素间具有相互关联、相互作用的性质，系统之间以及组成系统各子系统之间的关联和协调是保证总系统能够达到最优状态的基本条件。

系统运行的基本机制主要有结构功能相关规律、信息反馈规律、竞争协同规律、涨落有序规律和优化演化规律。结构与功能内在关系的规律就是结构功能相关规律；信息反馈规律是信息反馈在系统中的一种普遍和必然的存在现象，通过信息反馈机制的调控作用，或使系统的稳定性得以加强，或使系统远离稳定态；竞争协同规律揭示系统内部通过竞争和协同的相互作用、相互转化推动系统的发展变化。涨落有序规律表现为系统的发展演化过程总呈现出一种"涨落"现象，具有从波谷到波峰、从低级到高级的发展态势，偶然性中蕴藏着必然性；优化演化规律是系统处于不断的演化之中使优化发展得以实现。

（2）城市总规划师制度的整体把控

城市是以人为主体的动态复杂巨系统，是一个融合了人口、产业、科技、文化、资源、环境等各类要素的空间地域大系统，在新时代中国特色社会主义发展背景下，城市系统往往以实现经济、社会、环境的综合效益为主旨，以高质量发展、高位体现人的价值为目标。其中，山、水、林、田、湖、草等六大生态子系统是城市发展的基础，是社会、经济子系统平衡发展的重要支撑；而社会、经济子系统是城市发展的核心，城市空间结构、用地布局、功能组织等都是社会、经济子系统协同的空间产物。城市系统中社会、经济、生态子系统要素的相互协同与竞争最终表现在城乡空间上，形成了各具特色的城乡空间系统，城乡规划是统筹各系统要素空间关系、协调各系统利益主体竞合关系、对城市品质整体把控的过程，也是落实城乡空间治理的技术依据。

传统的城乡规划管理以行政体系纵向的条块管理为主，只关注本系统内部空间功能与组织，缺少各系统的横向关联性，高质量发展阶段的城市系统运行要求更加注重生态文明建设，将经济、政治、文化、社会等融入生态文明建设中，通过系统的、高质量的、高标准的国土空间规划"一张蓝图"来落实城乡规划治理，实现国家治理体系现代化。

在现代化的城乡规划治理过程中，城市总体规划师制度可以有效实现对城市巨系统的整体把控，主要体现在对城乡空间品质的宏观把控、对全域全要素的整体协调两方面。其一，在城乡空间品质的宏观把控方面，城市总规划师制度强化顶层设计理念，以系统性、开放性的全球视野，深刻认知地方发展条件、城市景观风貌和本底资源特色，从二维到三维系统地研究城市空间结构和形态布局，从使用者视角考虑空间的体验感和舒适感，通过城市设计导则的形式管控城乡风貌特色，提升城乡空间品质与地域特色。其二，在全域全要素的整体协调方面，城市总规划师制度遵循"纵向到底、横向到边"的系统整体的空间治理思路，以整体性、动态性的系统管理手段对全域全要素进行统筹协调，优化整合农业、生态、建设空间，建立全域单元管控模式，确立刚性、弹性要素的管控导则，充分体现城市总规划师的行政管理和技术管理职能，系统提升全域城乡空间系统的治理现代化水平。

3.1.2 博弈论下的平衡协调

（1）博弈论的基本原理

博弈论是研究理性的个体在相互依存时如何做出决策的理论，是指在一定的环境条件和规则下，不同行为主体同时或连续地、一次或多次地从他们被允许选择的行为或策略中进行选择，并从中获得相应的结果，反映了博弈局中人的行动及相互作用间冲突、竞争、协调与合作关系。

中国古代的《孙子兵法》是博弈论萌芽时期的典型代表，将理性决策思维理念应用于战争策略实践中；1944年冯·诺依曼和摩根斯坦合作的《博弈论和经济行为》标志着博弈论的初步形成。经过70多年的发展，博弈论不仅与经济学融合，也逐渐拓展到社会学、政治学、军事学等领域，凡是存在利益冲突的双方都会涉及博弈论。

博弈论可分为合作博弈（共赢博弈）与非合作博弈（纳什均衡博弈）。合作博弈强调通过合作实现集体理性，博弈各方可通过某种合作与协商，获得满足某些理性行为和合理性的帕累托最优，即整体最优；非合作博弈强调在竞争中实现个人决策最优，但是个人理性决策的结果可能会导致集体非理性结果。区别合作博弈与非合作博弈的关键在于博弈主体之间是否能够通过有效的协商达成具有一定约束力的"合作协议"。合作博弈的理论重点在于对"合作"的研究，而非合作博弈在于对"竞争"的研究，然而两者又相互影响、相互作用。高效的博弈结果是合作博弈与非合作博弈共同形成的，各利益主体通过公平、公正的合作达到"双赢""多赢"的"团体理性"结果，获得最高效益，同时各利益主体均能够做出个人最优决策，形成有效竞争关系，达到各主体利益最大化的"个人理性"结果。

（2）城市总规划师制度的平衡协调

博弈论在城乡规划学领域的应用主要是通过规划策略的制定与选择，协调不同利益主体之间的矛盾，达到空间的均衡发展与土地的有序、有效开发利用。根据博弈论的观点，城乡复杂系统内部各类型空间存在着合作、竞争的博弈行为，参与博弈的多方主体具有不同的目标或利益。在传统城乡规划管理过程中，各博弈主体为了达到各自的目标和利益，作出自身利益最大化的"个体理性"行为。但是在国土空间规划治理体系建立过程中，城乡规划编制阶段的"多规"博弈逐渐结束，政府、市场与利害关系人之间的博弈关系逐渐从非合作博弈向合作博弈转变，逐步将治理重心转向了各方利益主体的平衡、合作、协调，形成了"上下联动、一张蓝图管控、一套机制保障实施"的城乡规划治理体系。

国土空间规划体系的建立也充分考虑了不同规划层级、不同规划类别、不同规划主体、不同规划阶段之间的博弈过程。其一，在不同规划层级的博弈关系上，国家、省、市县、乡镇、村庄五级国土空间要素之间博弈关系通过"指标传导、上下联动"的运作模式形成了协调与平衡关系，达到全域全要素的"集体理性"结果。其二，在不同规划类别的博弈关系上，通过"一张蓝图"管控机制，总体规划与控制性详细规划、修建性详细规划、村庄规划等详细规划之间形成了相互补充的关系，总体规划与基础设施规划、公共服务设施规划、生态环境保护规划、文物保护规划、产业发展规划等专项规划之间形成相互合作又相互竞争关系，最终详细规划和专项规划又通过总体规划的强制性内容形成统一的规划蓝图。其三，在不同规划主体的博弈关系上，政府管理主体、规划设计主体、开发建设主体、使用主体等的诉求和利益通过相互竞争与合作不断寻求各系统认识和价值取向的"帕雷托"最优解。其四，在不同规划阶段的博弈关系上，国土空间总体规划的近期规划、远期规划、远景规划之间形成了有机衔接、动态循环、互动反馈的协调关系，为全域全要素的空间治理提供依据，为把控城市高品质发展提供支撑。

在现代城乡规划治理体系构建的过程中，城市总规划师的制度创新正是对国土空间规划治理体系的高度契合，可以总体把控、平衡协调各利益主体的关系及决策行为。通过对城市全域全要素的深入研究，明确社会民生发展诉求、经济与产业增长诉求、生态与环境保护诉求，确定理性的发展目标和规划核心指标，梳理重构空间发展秩序。从顶层设计角度提出不同功能空间的用地布局规则和设计导则，来平衡和协调不同主体之间的合作博弈和非合作博弈关系，最终形成一张空间蓝图管控的集体理性结果和多规融合实施的个体理性结果，达到综合效益最优的规划治理效果。

3.1.3　全生命周期中的纵贯到底

（1）全生命周期理论的基本原理

全生命周期理论是用来描述某种生物从出生到死亡的过程，解释各物种的繁衍、进化、更替等生命过程规律的理论。其概念有广义和狭义之分，狭义是指生物体从出生、成长、成熟、衰退到死亡的全部过程；广义泛指自然界和人类社会各种客观事物的阶段性变化及其规律。全生命周期理论应用广泛，特别是在政治、经济、环境、技术、社会等诸多领域经常出现，不同研究领域对全生命周期的界定不同，在人类学领域是指人类从出生到死亡的不同阶段；在心理学领域强调按照自我同一性的发展来划分不同阶段；在旅游学领域则提出了旅游地生命周期的概念来阐释旅游地或旅游产品的发展演变过程，综合各领域对全生命周期的界定，可以将全生命周期通俗地理解为"从摇篮到坟墓"的整个过程。

全生命周期具有普遍性，表现在时间上的周而复始，表现在空间上的扩张和演变，同时也表现为人类思维的演进与发展，其时间长短、阶段、表现形式各不相同，对复杂系统的生存和发展作用也不同。全生命周期理论认为任何事物都有一个产生、发展、成熟甚至衰退的演变过程，尤其显著地表现在人类聚居地的生命周期演变过程中。人类社会之初，三五成群、渔猎而食，久而久之形成聚居聚落；随着生产力发展、人口增加，聚落演化为种族部落；随着人类社会的发展进步和商品交换的频发，逐渐形成固定的城镇；工商业的迅速发展促使人口向城市集聚形成城乡二元格局。城市作为复杂开放的巨系统，可以视为一个有机生命体，自然可以运用全生命周期理论的系统集成思维和全过程理念与特点来解决城市问题，由于城市各发展阶段的时空特点、动力机制与表征各不相同，促使产生差异化的城乡规划治理方法。

（2）城市总规划师制度的纵贯到底

城市或者乡村历经产生、发展、形成规模而稳定运营，再经衰败、更新而重生，这就是一种城乡发展的全生命周期状态。传统城乡规划与管理过程是片段化的，为了解决城乡空间发展不平衡不充分的主要矛盾，需要对全域全要素进行纵贯到底的全生命周期治理，构建现代化规划治理体系。现代城乡规划作为研究城乡发展历程和特点、合理布局统筹安排各功能与基础设施、监督管理规划实施、引导城乡空间发展的公共政策、综合过程和手段，可以有效引导和优化城乡的发展，避免城市和乡村在自组织生长过程中的问题和弊端。

2020年6月，习近平总书记在专家学者座谈会上强调要"把全生命周期健康管理理念贯穿城市规划、建设、管理全过程各环节"，为统筹解决现代城市治理难题、系统推进城市治理体系和治理能力现代化提供了全新的思路，也为各级政府更加精准有效地推动城市工作指明了方向。在构建国家现代化治理体系和提升治理能力的过程中，城市总规划师制度的模式创新是对全生命周期治理过程的有力响应，以治理现代化和高质量发展为总目标，对城乡规划与设计、技术评审与咨询、建设实施与管理的全生命周期进行协调与把控，是一种螺旋上升的循环过程，在城乡规划治理中起到"纵贯到底"的管控协调作用。通过动态的、持续的、开放的本底规划研究，对全域全要素的发展、空间布局和风貌特色进行技术管理，并为行政管理提供决策支持，进而协调政府、市场、社会等多元利益主体，保证城乡空间有序发展。

3.2 中国古代城市总规划师思想的萌芽

我国古代就有城市总规划师相关的思想萌芽、探索与实践活动。从最早的偃师二里头遗址规划布局所体现出的总体规划思想，到《周礼·考工记》所形成的完善的城邑营建制度和体系，再到宇文恺主持的隋唐长安城的持续规划建设历程和明清北京城在元大都基础上的持续更新改造，甚至"样式雷"家族几代人对以故宫为首的系列皇家建筑群的持续雕琢和总控，形成今日北京故宫遗产建筑阵列对话、空间序列鲜明的格局，无不反映出我国古代城市总规划师思想的萌芽和探索。

3.2.1 中国古代城市总规划师思想概述

我国有着辉煌灿烂的古代文明，以《周礼·考工记》和《管子》两种城市规划思想为主流和代表的理念在众多古代城市甚至东亚一些国家的城市规划建设中都有体现。任何国家、任何时期的城市规划和建设都是各种因素综合作用的结果，如经济、自然条件、社会文化、技术条件等等，但是与国家的政治制度、社会体制变革和统治者的个人思想均密不可分。我国古代城市特别是都城的规划建设历来强调礼制思想和整体观念，从历史进程看，我国古代城市规划制度既一脉相承又不断演变，除受礼制思想束缚之外，在不同时期更体现出了贵族官僚、军阀势力、中央集权等不同利益集团的博弈和控制。在具体实施上，就会表现出由特定的城市规划建设实施者代表某种利益集团叠加自身的专业认知和理念，进行城市的总体规划和建设把控，古代的城市规划建设实施者既可以是统治者也可以是具有一定官阶或者专业工程技术知识的人员，但以后者为主，可以认为是我国古代城市总规划师思想的探索和萌芽。

3.2.2 中国古代城市总规划师思想实践

古代的城市建设是特定时期物质文化、精神文明、政治制度各系统的整体融合，也反映出强烈的时代背景和需求。如管子主导规划建设的齐临淄城体现出的因地制宜与城市先后发展时序的关系，曹操主导规划建设的曹魏邺城体现出的与时俱进和强烈的军事时代特征，隋唐长安城在宇文恺规划设计的总体格局基础上的持续建设所表现出来的总体把控思想，明清北京城是在对刘秉忠主持修建的元大都的基础上的持续改建而成的，这些实践都强烈地凸显了我国古代城市总规划师思想的作用。

（1）管子主持的齐临淄城的因地制宜

齐临淄城是春秋战国时期齐国的都城，管子作为著名的政治家、思想家和工程经济学家，长期担任齐国的丞相，革新齐国政治经济制度，并精心规划建设了齐临淄城。全面践行了《管子》中因地制宜的城市规划思想，城市内部功能分区明确，内廓城墙不求规则，城墙宽厚高大，小城嵌于大城西南角自成体系，且齐临淄城总面积约12.5平方公里，是目前所知春秋战国时期各古城中规模最宏伟的古代大城，体现出了规划设计者宏远的规划理念和总体规划思想（图3-1）。

（2）曹操开创的曹魏邺城的严谨对称

三国时期，曹操称魏公并于邺城营建王都（非都城，为诸侯国之诸侯城），开创了中国古代都城规整严整布局之先例，其规划手法对以后的历代都城布局都有着重大的影响。邺城平面呈横长方形，据《水经注》记载，邺城为"东西七里，南北五里"，规模次于当时帝都洛阳"九六"城，这种差别，体现了诸侯王都与帝都规模的礼制等级差别，是合乎《周礼·考工记》中营国制度都邑建设体制的，《水经注》还记载"饰表以砖，百步一楼"，曹魏邺城是我国城建史上的第一个砖城。曹魏邺城功能分区明确、等级森严，轴线分明、道路经纬涂制、结构严谨对称，根据各功能分区的实际要求进行用地比例的调整。整个城市又体现出浓烈的时代特征和先进性，从权应变、善于创新，东北三台、厩门、统治者与老百姓不复相参，一旦发生战争，整个城市的东北区域就是一个顽固的战争堡垒与指挥中心（图3-2）。

（3）宇文恺创建的隋唐长安的持续建设

隋唐长安城始建于隋文帝开皇二年（公元582年），初名"大兴城"，到公元904年被拆毁，存在了322年，在世界都城史上具有极高的历史地位与规划技术成就，布局异常严密和全面，是我国封建时代城市规划布局经验之最高总结、实践之最完美体现，也是古代城市总规划师思想和纵贯到底管控最全面的体现。

隋唐长安城的规划设计者宇文恺，是一名杰出的建筑学家和工程建设管理者，隋文帝开皇二年，下诏"以太子左庶子宇文恺有巧思，领营新都副监"，当时大兴城的规划设计皆出自宇文恺，隋炀帝杨广即位后，又以宇文恺为东都洛阳副监，后被升为工部尚书。大兴城为一座完全平地而起的古代大城，东西长9721米，南北宽8651.7米，周长36.7公里，是当时世界上规模最大、建筑最宏伟、规划布局最为规范化的一座都城。可以说宇文恺是我国古代建城史上第一位真正的城市总规划师和设计师，隋唐长安城的修建可以分为隋代和唐代两个历史时期，共历经300余年的建设。隋朝时建成宫城、皇城及外郭城（局部）；开凿永安渠、清明渠、龙首渠等引水入城；开辟道路、划分里坊，城市布局与结构初显。隋亡后，唐朝仍在这里建都，改名长安城，屡有修建，但城

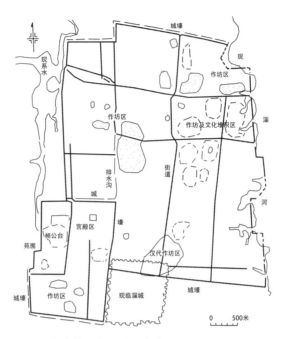

图3-1　齐临淄城总平面复原想象图

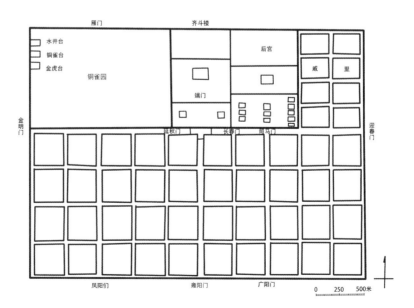

图3-2　曹魏邺城复原想象图
图片来源：图3-1～图3-5均根据《城市规划原理》（第四版）、《中国城市建设史》（第三版）改绘

市基本轮廓仍与隋初建城时相同。后续又对外郭城进行修建完善，到高宗永徽五年（公元654年）方修建完成；唐太宗贞观八年（公元634年），修建永安宫，后停工；高宗二年（公元662年），李治因太极宫潮湿，复建大明宫，后成为主要宫殿；唐玄宗开元二年（公元714年）开始兴建兴庆宫，开元十四年（公元726年），在外郭城筑东面城墙，外筑"夹城"，连接大明宫和芙蓉园（图3-3）。隋唐两朝的修建均在宇文恺规划格局之内进行。

（4）刘秉忠主持修建的元大都在明清的持续建设

被马可·波罗盛赞的元大都的规划建设有统一的领导和指挥，汉人刘秉忠主持了全部的规划建设工作，元大都在建设之前首先进行了十分详细的地形测量，然后根据中国传统的规制结合自然地形进行了全城的总体规划，规划设计意图得到了充分的执行与贯彻，城市规划的管理和实施较为成功。其后的明清北京城就是在对元大都持续的改建中形成的，体现出了城市发展建设的连续性和规划思想的贯通性。

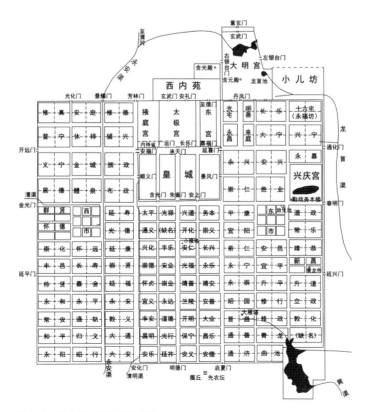

图3-3　隋唐长安城复原想象图

　　1368年，明军攻占元大都，1371年派大将徐达修复大都城垣，改名北平，同时"缩其城之北五里"并将宫殿尽行拆除，以消灭其"王气"；朱棣武力夺位后，决定迁都北京，进而开始有计划地营建北京城，以徐达改建后的元大都为基础进行营建。从永乐四年（1406年）至1420年，历时14年基本完成，次年（1421年）迁都北京，升北京为京师。明代对元大都的改建，重点在于宫廷区，调整其位置，突出最中央方位，延伸其南北轴线，突出中轴线的控制作用，自南至北，利用城楼、殿宇、山、楼等高低错落，形成有节奏的起伏，丰富了中心轴线的空间构图韵律，也突出了中心区在城市空间组织中的主导作用。明嘉靖三十二年（1553年），于南墙外加筑一道城墙，称外城（外罗城），原来的大城便称为内城，形成了老北京城凸字形的规模形制。

　　至于清代，除对部分宫殿进行重修和西郊园林的增建之外，整个北京城城市格局基本没有变化。至清北京城仍沿用明朝宫室，城市布局总体方面并无调整（图3-4、图3-5）。北京城经历几百年的历史变迁，其大体结构一直未有变

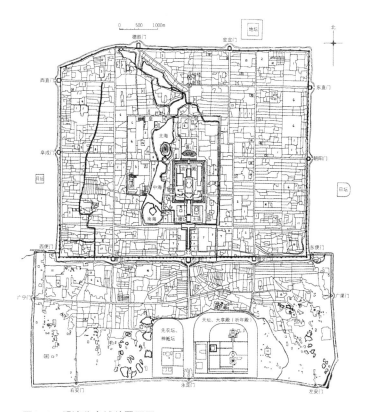

图3-4　明清北京城总平面图

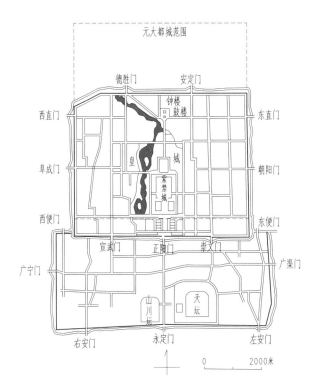

图3-5　元大都与明清北京城改造关系图

化，直到今天我们的北京城依然在延续和持续打造着明清北京城的中轴线，并结合2008年奥运会场馆的建设将中轴线向北延伸至奥林匹克森林公园。

3.3　中国现代总师模式的探索实践

中华人民共和国成立特别是改革开放之后，我国的城市规划工作逐步走上正轨，但是大量的规划理论和实践来自对于国外先进理论和实际工作的借鉴与本土化运用。而国内对总师（城市总规划师、总设计师）制度的研究和探索大量始于2010年前后，目前的研究与实践探索方向可分为总师规划实践与总师管理实践两种类型，期望能够充分发挥总师的技术引领和把控作用，实现从技术服务到规划管理，全过程跟踪地区的规划建设动态，为城乡规划治理领域探索新方式、新方法。

我国一些经济发达的大城市，如天津、广州、深圳等率先在一些重要片区或重要开发项目中进行了总师负责制的实践探索：广州实施了金融城、琶洲、南沙等重点地区总城市设计师（建筑师）协调负责制，取得初步成效；海口近期邀请了一批院士和设计大师开始实施城市重点地区总城市设计师协调负责制。结合重大事件和重要项目的更新改造，也驱动实施了一批总师模式和负责制的探索工作，如首钢地区的更新改造、上海世博会园区的建设、新北川县城的规划建设等。随着我国城镇化进入后半场，存量规划和更新成为主流，同时结合政治体制改革而觉醒的社区治理产生了新的需求，很多城市进行了社区（责任）规划师的探索实践活动；伴随乡村振兴战略以及撤村并镇工作的进行，一些地区进行了乡村规划师、驻镇规划师模式和负责制的实践探索工作，所有这些探索为城市总规划师制度和模式的创新完善奠定了坚实的本土实践基础。

2020年4月27日国家发展改革委与住房和城乡建设部联合发布《关于进一步加强城市与建筑风貌管理的通知》，提出探索建立城市总建筑师制度，由住房和城乡建设部制定设立城市总建筑师的有关规定，加强城市与建筑风貌管理，支持各地先行开展城市总建筑师试点，总结可复制可推广的经验；城市总建筑师要对城市与建筑风貌进行指导和监督，并对重要项目的设计方案拥有否决权。该通知为城市风貌管控和城市总建筑师制度的实践创新奠定了坚实的政策基础。

3.3.1　重要城市（片区）建设的总师负责制实践

（1）天津市城市整体性设计与管理实践

天津市城市设计整体性管控实施方法经过20余年的城市设计理论研究与实践检验，推动城市设计由静态编制转变为持续性、整体性管理决策与实施，实现了城市设计的政策属性、设计属性和实施属性的有机统一。

城市设计整体性理论框架是方法体系和技术体系创建的前提和基础。城市设计整体性理论框架（图3-6）基于国内外社会学、经济学、管理学的整体理论基础，结合规划学、设计学、环境学要素，打破原有城市设计"线性逻辑"，开创性地构建了城市设计整体性"网状逻辑"框架。其中包括政府、社会、市场、空间多要素调节的"目标系统"；基于城市规划与城市设计持续性校核、深化，动态性结合的"方法系统"；基于文化保护、有机更新、新区建设等我国现代化城市建设类型的"内容系统"；基于城市规划、城市设计、建筑设计、地下空间、景观设计、道路交通设计、市政系统设计、生态技术、智慧技术等各专项的"专业系统"；基于规划编制、规划许可、规划实施全过程、全要素

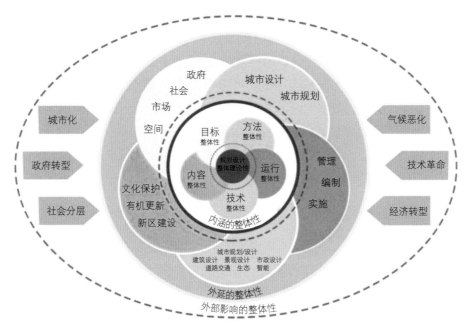

图3-6　城市设计整体性理论框架图

整合协调的"管理系统"。"目标的整体性、内容的整体性、方法的整体性、专业的整体性、管理的整体性"五大系统理论是整合了全球性因素、地域性因素、专业性因素等影响因子构建的理论框架。

　　基于城市设计整体性理论框架开创性构建城市设计整体性管理实施方法体系，形成政策属性机制、设计属性机制和实施属性机制3个方面"七大系统"的创新。政策属性机制的创新在政府、社会、市场等多要素共同作用下，探索形成了规划管理横向到边、纵向到底，一整套纳入法定规划和行政许可系统的管理机制，建立了基于"城市规划全要素"，贯穿"编制、许可、实施全过程"的整体性管理体系。设计属性的管理创新机制通过整体性管理思维指导和把控设计全过程，将其转化为管理措施，达到管理与设计的同步和融合。而实施属性的方法创新，在于建立一整套"最优目标"把控与"最优技术"整合的运行机制，以及一种"最优效果"一次性落地的科学实施方法。在重大项目的运行过程中通过"最优目标"来统筹"最优技术"，以期实现"最优效果"。

　　具体展开来讲，天津城市设计整体性管控实施是在整体性理论框架下（图3-7），创新创建管理机制和管理方法，建立"一控规两导则"和"城市设计指引"的规划管理机制和管控技术，为同期全国首创。通过创新管理机制，利用城市设计发挥规划管理的统领作用，将"一控规两导则"和"城市设计指引"作为规划管理技术机制纳入法定规划编制体系和行政许可系统。"一控制两导则"扩展控制性详细规划，形成空间布局落位的"城市设计导则"和用地指标细化的"土地细分导则"，作为城市设计通则性管理，实现城市设计法定化；"城市设计指引"作为土地出让阶段规划条件的行政许可配套文件，提出近期实施要求，形成法定刚性约束（土地出让条件）与具有行政约束力的弹性引导管控（城市设计指引）相结合的双重创新管理手段。

　　天津市城市设计整体性实施方法还创建了城市设计思想与规划管理路径结合的"总体控制系统"，确立整体把控城市结构、城市风貌和城市空间的理念。其中城市结构控制包括"城市资源保护""城市中心区系统""城市'街'

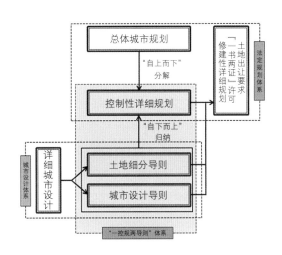

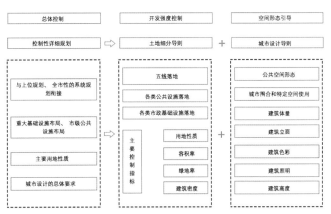

图3-7　天津市"一控规两导则"体系分析与内容框架

与'道'结构""城市开放空间系统";城市风貌控制包括"标志性建筑和背景性建筑的风貌";城市空间控制包括"三边（河流边、公园边、历史街区边）""三线（道路红线、绿线、建筑退线）",通过城市设计思想与规划管理路径的协同确保管理方案的落实和实施。创建了对应不同法定规划环节的"编制逻辑系统",将城市设计编制划分为总体城市设计、详细城市设计（对应控规层面、土地出让层面、修详规层面）、专项城市设计3个层面,使城市规划和城市设计在现有规划层次和规划管理体制下能够充分结合。

天津市城市设计整体性管控的具体实施方法的创新,在于实施过程中创建"实施目标系统"和"技术集成系统",通过"最优目标"指导"最优技术",实现城市设计整体性实施和一次性落地的最优效果。贯穿城市设计全过程的"实施目标系统"分成启动阶段、规划设计阶段和实施阶段3个紧密衔接的过程,项目启动阶段的"城市价值"目标、规划设计阶段的"空间与功能"目标、实施阶段的"效果实现"目标,基于数据分析,以"最优目标"实现各阶段目标要素整合。"技术集成系统"解决了大量项目由于缺乏专业协调及技术整合导致的新型技术力量不强、整体优势发挥不理想的问题,该系统集成城市规划、城市设计、建筑设计、交通市政、地下空间、景观生态、智慧城市等"专业技术集成"和新型能源、绿色建筑、数字建造、地下空间综合利用、绿色交通、循环利用等"先进技术集成",并利用城市综合信息平台对各项技术进行筛选、整合、空间落位、集合运行,确保协调匹配,实现"最优技术"运行效果。

"实施评估系统"是七大系统的最后一个环节,也是跟踪城市设计实施效果的必要环节。"实施评估系统"创新地提出"程序评估"与"效果评估"两部分管理校核方法,是"建设与管理两端着力"目标下城市设计管理实施全过程的靶向评估方法（图3-8）。

全面系统构建城市设计整体性的"理论框架",通过"理论—实践—理论"的路径,经过大量实践验证、校核、丰富项目理论体系,进而建立了"管理实施方法体系",创新完成了全面系统的城市设计整体性管理实施理论、方法成果,并以"城市设计整体性管理实施方法建构与实践应用"①获得了2019年华夏建设科学技术奖一等奖。

---

① "城市设计整体性管理实施方法建构与实践应用"项目由沈磊、黄晶涛、刘景樑、朱雪梅、王绍妍、刘薇、李威、朱铁麟、赵春水、杨夫军、侯勇军、马松、谢水木、张玮、马尚敏等参与,并获得2019华夏建设科学技术奖一等奖。

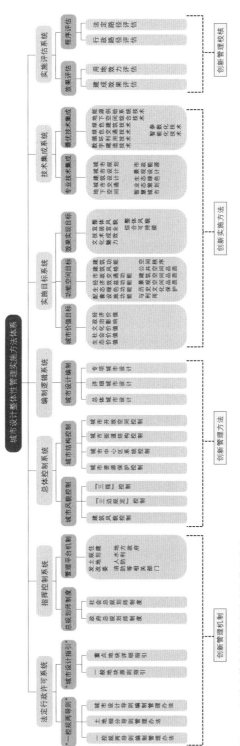

图3-8　天津市整体性管理实施方法体系内容

（2）天津市重要片区总规划师总控管控

天津市文化中心项目和新八里台地区的更新设计是天津市城市设计整体性管控实施的典型成功代表。

1）天津市文化中心项目整体性管控和总体设计协同工作平台

天津市文化中心项目于2008年启动建设，2012年竣工投入使用，由时任天津市规划局副局长沈磊担当项目设计总负责人。从思考、决策、规划设计、到建设实施的全过程，采用了总体设计协同工作的平台和方法，体现了天津市城市整体管控的作用和实施的成功。在功能定位、总体布局、整体外部空间营造、可持续发展、设计统筹、实施管理等方面，都表现和体现了对新时期城市规划设计及整体高质量把控的新探索和新思考，取得显著成效。

① 天津市文化中心项目概况

天津市文化中心项目位于天津市河西区，整个项目于2008年开始进行方案征集竞赛、比选推敲、深化完善与实施设计，2009年开工建设，2012年竣工投入使用。项目总用地面积约90.09公顷，总建设规模100万平方米，其中地上53万平方米，地下47万平方米，总投资超过140亿元人民币（图3-9）。天津文化中心项目的建设目标是期望结合行政中心、接待中心的打造，形成以文化为主导的中心城区文化商务核心区，强化区域城市的中心作用。规划设计充分强调公共开放性，以大剧院、美术馆、图书馆、博物馆等大型文化建筑为主，配套商业与交通枢纽多元混合功能，构建规划、建筑、环境三位一体，室内室外相互交融的高品质整体环境，塑造体现天津特色与文化内涵的"城市心脏"。目前天津市文化中心投入使用近10年，成为极具标志性和凝聚力、深受市民喜爱的城市中心和城市客厅，先后获得国家奖项11项，省部级奖项5项（图3-10、图3-11）。

其中2013年获得全国优秀城乡融合规划设计一等奖、获得全国优秀工程勘察设计一等奖，2014年获得中国土木工程詹天佑奖等国家大奖。而所有这一切成就和效果都离不开总体设计协同工作平台和设计总负责人所发挥的整体性管控、有效统筹和平衡协调作用。

② 全过程的高位统筹与协调把控

文化中心设计工作繁多且复杂，项目有8位院士、数十位设计大师参与各个阶段的规划设计与咨询工作，12个国家的40多家设计单位参与方案竞选与设计工作，进行了1000多个设计方案征集工作，开了1200余场项目技术协调会，所有这些工作都是在项目总负责人和总体设计协作工作平台统筹协调之下顺利

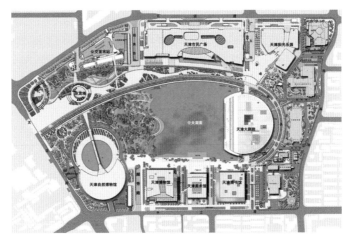

图3-9　天津市文化中心平面图

图3-10　天津市文化中心鸟瞰效果图

图3-11　天津市文化中心鸟瞰实景照片
图片来源：图3-9～图3-11均引自：沈磊，等．天津城市设计读本[M]．北
京：中国建筑工业出版社，2016

进行的，充分体现和发挥了天津城市设计整体性管控实施方法的作用和实践。

天津市文化中心建设指挥部下设规划设计组，在项目"设计—管理—实施"的全周期中充分发挥统筹协调和指引的职能角色，积极协调专业技术冲突、尊重单体建筑设计的个性化、共同推动达成规划设计共识，确保设计目标、设计理念和一张蓝图落实到底。在建筑设计竞赛阶段，严格甄选有丰富设计经验、高水平设计能力的设计单位；在建筑设计竞赛与工程技术设计之间，增加各建筑设计方案汇总的综合统筹工作；在建筑方案选定阶段，协同各设计单位进行设计方案深化，召开联席会议，确保实现总体协调又各具特色的群体建筑空间；在规划实施阶段，通过规划师审查巡查制、建筑师负责制、设计论证会、设计联席会、施工现场协调会等，搭建全专业参与的协同工作平台。

③ 空间序列的有序整合与建筑形态的和而不同

天津市文化中心项目的总体设计布局糅合了"山、水、塔"的中国园林布局和"大轴线、林荫道"的西方园林手法，塑造富有天津特色与文化内涵的"城市客厅"，与城市空间融合共生。为了形成和谐有序的空间体验，切实有效地把控整体空间形态和品质，城市设计确定了建筑组群中每个建筑的位置、高度、界面、主次关系、新旧关系以及空间处理要求。自然历史博物馆、天津大剧院形成了"天与地"的新旧对话关系；统筹中心湖南岸文化建筑与北岸购物中心、阳光乐园的形体，限定于100米进深、30米限高的基地之内，对于外侧沿街界面提出严格的贴线要求。

天津文化中心项目建筑群既包括新建的大剧院、博物馆、美术馆、图书馆、购物中心、阳光乐园6座新建筑，又包括区域内已建成的剧院和天津市自然博物馆，所以建筑形体和内涵之间的和谐力求和避同，在注重整体空间组织的同时，统筹加强对于使用者观感体验最突出的建筑色彩、风格、形式的统筹，从而在统一协调的体量风格要求下，形成了特色突出、个性十足的文化建筑外观感受。在集中开展的博物馆、美术馆、图书馆与大剧院的建筑方案征集工作中，要求各设计单位在完成建筑方案的同时提交文化中心整体区域概念设计，一方面敦促建筑师在创作时树立整体意识，另一方面了解各个设计单位对整体规划设计的真知灼见。建筑方案选定后协同设计各方以10~15天为周期，不断深化完善方案，并召开联席会议，邀请各位设计主创亲临天津，面对面切磋研讨。在历时5个多月10余轮的深化与研讨中，在争论与共识中拿捏规划与建筑、统一与个性、感性与理性、整体与细部之间的分寸，直至方案臻于成熟，形成总体协调、各有特色、和而不同的建筑群体和高品质的公共空间环境（图3-12）。

南岸文化建筑

北岸文化建筑

大剧院

图3-12 天津市文化中心整体城市设计与建筑形态的把控

2）天津市新八大里地区特色街区的协同设计机制和工作平台

新八大里项目非常重视城市设计的总体性管控实施方法的运用，重视通过城市设计手段进行管控和技术指导，控制维护城市特色。通过前期的总体城市设计确定地区定位及规划结构，在法定规划阶段将城市设计转化为控制性详细规划、土地细分导则和城市设计导则，实现规划法制化；在土地出让及建设实施阶段将空间布局方案及建筑风貌意向写入出让条件，使城市设计自始至终产生控制效力，确保开发建设的终期效果。

① 天津市新八大里地区项目概况

该地区是20世纪50年代发展起来的天津市老重工业基地，西侧的文化中心地区前身是老八里地区，作为工业区配套住宅区，于1953年规划，1958年建成，曾是中华人民共和国成立初期天津市第一批"高档住宅区"，其更新承载着老一辈市民的记忆和天津发展的文脉传承。

新八大里项目位于天津市中心城区南部，是天津市"十二五"规划建设重点地区解放南路区域的重要组成部分，占地面积2.68平方公里。西侧紧邻天津市文化中心，东侧紧邻天钢柳林地区，是连接城市主、次中心的重要区域；北临海河，南临复兴河，横贯中部的黑牛城道是中心城区东部入市通道，也是快速环线的重要组成部分。新八大里城市设计于2014年11月得到批复，并获得2015年度天津市规划评优一等奖，在城市设计的指导下，控制性详细规划及土地细分导则顺利完成并得到批复，各里的建筑设计方案相继完成，目前已全部建设完成并进行了开街仪式，成为天津市"宜居宜业"的新地标（图3-13）。

② "一道两河新八大里"的总体架构与多专业协同设计模式

新八大里地区利用独特的区位优势，发展产业和居住，通过都市街区、滨水空间和景观大道的规划设计与精心打造，结合入市道路的交通优势、两河之间的地理特征以及紧邻"老八大里"的地域文化特点，规划形成了"一道、两河、新八大里"的总体架构。黑牛城道以"庄重、典雅、大气"的公寓、办公、酒店等公共建筑展现迎宾大道的形象（图3-14）；海河和复兴河沿岸以各类欧式古典风格的商住建筑为主，展现"天津万国建筑博览会"的文化风貌国际风情区；新八大里为宜居宜业的8个邻里街区，体现着天津新时代的居住品质。

新八大里地区的街区更新项目在城市设计编制初期即建立了多专业协同工作的设计模式。市场策划专业进行市场调研、意向开发商座谈、业态研究与天

图3-13　天津市新八大里地区整体鸟瞰图

图3-14　天津市新八大里地区沿黑牛城道效果图［规划设计方案（上）与实施完成照片（下）］
图片来源：天津新八大里片区城市设计，天津市城市规划设计研究总院

津市场的供应关系研究等工作，辅助城市设计确定建筑规模、业态比例及空间布局，实现了设计与市场的对接。交通专业分析研究规划路网与周边路网的衔接并通过交通流量预测制定地区公共交通及机动车停车策略，为城市设计确定总体及各类业态建筑规模与分布情况提供了有力依据。建筑专业通过对黑牛城道沿线、商业大街沿线、复兴河沿线等重要界面的详细设计，论证了城市设计对建筑体量、高度、风貌、色彩设想的可行性，确保了规划的控制效果。地下空间专业依据交通专业制定的机动车停车策略，进行地下停车系统的设计，结合地铁与地面交通换乘的刚性交通需求和城市设计对活力环线的设想，完善了地下商业步行系统，改进了南北间的沟通联系。生态专业制定了生态环保、绿色开发、民生保障、智慧生活共四大类生态指标体系，并制定了新建和既有建筑的绿色建筑规划和实施导则，区域内所有建筑均达到绿色建筑标准。

这种创新的"多专业协同设计"模式有力地保障了规划设计方案的科学性、衔接性、在地性与可实施性。

③ 规划编制的协同工作平台与实施组织框架

新八大里项目在工作之初建立了从规划编制到实施的协同工作平台，有着系统的组织结构和运作机制的实施主体，包含行政管理、土地整理、测绘、市场策划与运营、招投标、规划、建筑、交通、市政、防灾、地下空间、生态、景观等10余家技术设计单位和管理机构，各单位和机构之间权责分明，既包含了规划及相关专业技术层面的协同，也包含了制度、政策、决策及实践行动上的协同。协同工作平台达到了多专业技术力和多利益主体的高效协同，提升了实施建设的控制力和有效性。新八大里地区的更新建设对天津中心城区旧区的有机更新和协同设计机制进行了有益的探索和实践，成为天津市"十二五"城市规划建设的亮点。

（3）广州城市总师制度及重要片区总设计师制度

1）广州城市总师制度概况

广州市是我国较早全面而深入地进行总师（总规划师、总建筑师）制度探索实践的城市，2012年，广州率先推出国际金融城城市设计总顾问师制度，2014年推出琶洲西区电商总部地区城市总设计师制度，2015年推出白云新城城市设计顾问总师制度，2017年推出传统城市轴线地区城市设计顾问总师制度。特别是2017年广州市被列为全国第二批"城市设计试点城市"，开始大规模在重点地区和各个市辖区探索地区规划师制度。2019年3月，《广州南沙新区控制性详细规划制定办法》明确提出"探索地区总设计师制度，地区总设计师负责把控责任区内与控制性详细规划编制和实施有关的事物，关于地区总设计师的具体管理办法，由城乡规划主管部门另行制定"。

2）国际金融城城市设计顾问总师制度

国际金融城项目位于广州市中心城区东部，总规划用地面积为8平方公里，2012年5月，启动国际金融城城市设计国家竞赛；同年8月专家评审会进行方案优选，最终确定由华南理工大学吸收其他方案精华，主导共同编制规划设计实施方案。为保证项目建设的优质进行和实施落地，2012年9月，广州市国土资源与规划委员会聘请华南理工大学的何镜堂院士为广州国际金融城城市设计的总顾问，并以原城市设计编制团队为主组建"城市设计顾问团队"和"岭南特色建筑团队"两个小组，具体开展实施地区城市设计总师顾问工作。总师顾问工作在遵循城市设计基本原则、集体行动、岭南特色和发挥广州精神等的指导下，制定工作原则和工作机制，参与把控城市设计从编制到实施、从宏观到细节的各个方面工作，保证了从最初的构思立意、规划设计到实施实现的初衷理念。

广州国际金融城顾问总师团队由顾问总师和多个专业顾问团队组成，采取综合顾问咨询的方式，各司其职又互相合作，形成多工种、多团队相互配合支持的整体规划顾问方式。在工作流程上，分技术案件会办和专家会审查两个阶段进行，技术案件会办对规划实施过程中出现的技术矛盾，会办原规划编制团队进行研究，提出技术意见后由总顾问团队进行把关，供办案参考；难以协调解决技术问题，则由总顾问总师团队在会办回复意见中明确是否建议召开专家审查会，由主管部门最终确定是否组织专家审查会。专家审查会阶段则由何镜堂院士担任审查会组长，相关专家从城市规划各专业委员会、专家库及编制团队主创中进行选择，审查会根据相关流程召开会议，最终形成审查意见，为规划主管单位的项目审批或者行政许可提供参考，审查意见也仅供技术咨询，不能代替行政审批。

3）琶洲西区地区城市总设计师制度

在琶洲西区总师制度被称为地区城市总设计师制度，琶洲西区是广州"十三五"期间重点打造的城市中心片区，为实现精细化、品质化的城市设计与规划管理实施工作，对城市中心区的开发进行长期有效的管控，特提出建立地区城市总设计师制度。2015年8月穗市长会纪〔2015〕47号，明确要求在琶洲片区实行地区规划师制度，聘请华南理工大学孙一民院士作为琶洲西区的地区城市总设计师；广州市国土资源和规划委员会、海珠区规划局等相关行政部门积极推动琶洲西区地区城市总设计师制度的落地；2017年3月，广州市国土资源和规划委员会出台《关于印发琶洲西区地区城市总设计师咨询服务流程的函》，要求各建设单位按流程进行咨询，提供建筑设计方案及相关资料至地区城市总设计师审查，加快琶洲西区整体建设推进速度。琶洲西区的地区城市总设计师制度对片区的规划实施进行优化，极大地提升了对城市空间品质和建筑的精细化管理的水准。

琶洲地区城市总设计师的主要工作职责为编制管控文件、建设项目的设计审查管理以及建设进度跟踪、地区宣传片的督导、实体模型的维护更新等，此外还需要为规划管理部门提供行政审批的辅助决策及设计审查的技术服务。城市总设计师制度在实施过程中对城市公共空间、建筑风格、建筑高度、骑楼、建筑二层连廊等提出审查意见，提前介入各规划管理阶段的建筑方案把控及监管，为精细化、品质化的城市设计和城市建设与管理提供平台。

琶洲西区地区城市总设计师工作组在工作实践中与政府、规划管理部门、开发地块业主、设计师团队之间，进行不断协调、沟通、磨合、总结与反思，在螺旋式前进过程中雕琢形成规划设计成果。工作方式主要有会审和会办两种形式，会审是多方参与、达成一致意见，以此推进项目动态优化的全过程讨论；会办是规划管理部门对项目进行规划审批时，将地区城市总设计师审查意见作为辅助决策的方式，这两种方式的结合有效地保障了地区城市总设计师工作的开展。

（4）深圳重点地区及超级总部基地总设计师制度

1）深圳重点地区总设计师制度

2018年8月9日，深圳市规划和国土资源委员会印发《深圳市重点地区总设计师制试行办法》（以下简称《办法》），就总设计师制的运行机制、定义、工作内容和责权等方面提出规范管理要求。明确了总设计师制的目的和原则是，加强城市重点地区规划、设计、建设和管理的水准，保障城市规划的实施，提升城市空间品质。重点地区总设计师是指为保障城市公共利益、提升城市形象和品质、实现重点地区精细化管理而选聘的领衔设计师及其技术团队。由市规划土地行政主管部门负责城市总设计师的统筹指导工作，城市重点地区统筹建设管理部门负责城市总设计师的选聘及监督管理工作。

总设计师由领衔设计师和技术团队组成，拟选聘的领衔设计师为两院院士、全国工程勘察设计大师、梁思成建筑奖和普利兹克建筑奖得主，一般采取公开招标方式产生并向社会公开，也可按规定直接委托并向社会公示。《办法》细分了总设计师的工作内容和责权，总设计师的咨询意见作为主管部门和建设管理部门行政审批和决策的重要技术依据，总设计师对城市设计、建筑设计等技术方案作出否定性评价的，主管部门和建设管理部门不得进行行政审批和行政决策，总设计师应以书面形式提交咨询意见并签名加盖印章。《办法》明确总设计师的服务周期一般为3年，可以参与所负责重点地区建设项目建筑方案设计投标及设计竞赛，但在服务周期内，承担的建筑设计规模不能超过该区域规划新增建筑总量的15%。总设计师的咨询费用由财政基金保障，由基本服务费用和附加研究费用构成，并明确了总设计师的履职评价、考核、实施监管、奖惩等内容。

2）深圳湾超级总部基地总设计师制度

深圳湾超级总部基地项目（以下简称"深超总"）是目前深圳规划等级最高、最优质的总部基地，作为展示粤港澳大湾区国际竞争力和影响力的超级枢纽进行打造，片区总规划用地面积117万平方米，总开发面积约520万平方米，就业人口约30万。

"深超总"从2018年9月正式实行总设计师制度，总设计师团队以孟建民院士为核心领衔人物，构建了由学术委员会与执行团队组成的开放型技术平台，为指挥部及指挥部办公室提供全过程、高水准的技术服务，满足"深超总"项目高质量建设的需求。总师团队以设计全要素管控为核心内容，以可视化平台应用作为辅助工具，将核心职责分为四大部分，包括专项设计统筹、设计全要素管控、技术审查和小微专题研究。

"深超总"总设计师制实践的经验主要体现在政策层面、制度层面和技术层面，在政策层面，对重点地区高品质建设管理模式进行探索，深圳政府首次邀请了第三方团队作为顾问进行地区城市设计总把控；在制度层面对城市设计实施制度及技术标准体系进行了探索，政府和设计院尝试从城市设计的实施制度层面解决城市问题；在操作层面主要通过对总设计师（建筑师）把控城市设计落地性的探索，使得建筑师更能实现对实操性和微观性的把控。

（5）常州通江南路重点地段总协调建筑师模式

2010年前后，王建国院士曾经担任了常州市通江南路城市设计编制后工程实施的总协调建筑师职务，对常州市景观大道两侧的建筑设计和落地进行了总体把关，营造了良好的城市空间品质和风貌特征。

3.3.2　重大事件驱动的总师负责制实践

（1）上海世界博览会园区总规划师团队模式

1）世博会园区规划编制过程梳理

上海于2002年12月获得2010年世博会的举办权，之后就拉开了世博会园区规划建设工作的序幕。2004年5～7月，上海世博会事务协调局正式启动世博会国际方案征集与综合工作。2004年8～10月，世博会总体规划工作组对国际方案征集的规划方案进行比选和综合，确定了包括上海同济大学在内的设计团队联合体；2004年10～11月为结构性总体规划阶段，这一阶段规划研究的重点深入到综合交通、总体布局、绿化景观及后续利用等方案，总体规划工作组汇报结构性总体规划方案并获通过。2004年12月～2005年4月为专项规划的磨合与总体规划调整阶段，主要以总体规划成果对专项规划进行指导，并反馈、调整、完善。2005年5～8月之后进入控制性详细规划阶段，2006年世博园区的城市设计工作编制完成。期间控制性详细规划也结合城市设计工作经过三轮修编，其工作一直持续到2007年，落实了总规的理念和布局框架，从土地使用、综合交通、市政设施、环境容量等方面提出了具体的技术依据和规划措施。

2）世博会园区的总控模式与架构

上海世界博览会是我国承办的首届世界博览会，以"和谐城市"的办会主旨，就规划设计实施而言，除规划设计团队本身的力量和精心工作，更需要多方力量、多种外部因素的共同推动与协调，规划设计过程本身是一个创新实践的过程，更是一个逐步完善协调的过程。因为此类大型城市规划项目在我国城市规划学领域尚属起步探索阶段。为保证规划方案切实可行，保证世博会园区按期一次性交付使用并能够代表和展现同期世界科技的最新发展成果与中国风采，形成技术、经济、空间形态的最佳组合和落位，上海世博会园区实行了"1+3+3"的总控模式和创新的组织架构，进行规划设计的架构、专业之间的协调以及规划行政管理的配合，各方面都达到了空前的规模和实施效果。

"1+3+3"的创新设计组织构架模式，包括1个总规划师团队，由3位不同专业背景的专家组成，负责总体控制与规划协调，由同济大学吴志强院士任总规划师，现代集团华东建筑设计院有限公司院长沈迪和上海市规划局总工徐毅松担任副总规划师。中间的"3"指3家牵头单位，由上海市发展和改革委员会、上海市城市规划管理局、上海世博会事务协调局三大行政单位与职能部门

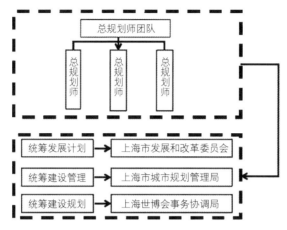

图3-15　上海世博会园区"1+3+3"组织框架图
图片来源：周俭.探求理想和现实之间的平衡——上海世博
会园区规划严谨探析[J].规划师，2006（07）

组成，统筹发展计划、建设规划与建设管理。最后的"3"指3家设计单位组成
的联合体，3家单位具有不同的业务特长与专业背景，负责具体规划编制与技
术落实等工作（图3-15）。

　　上海世博会园区总规划师团队的主要工作职责是：对园区总体规划方案的
深化和优化，组织编制各专项规划及与总体规划之间的协调；上海世博会注册
报告的编制；配合详细规划与各专项规划、工程设计和建设之间的衔接与实施
工作；牵头编制城市设计；在城市规划层面积极推进上海世博会的宣传工作等
等，随着世博会园区建设工作的深入，工作重点由规划向实施转移。

　　总规划师团队领导下的"1+3+3"的集管理、设计、决策、协调、实施于
一体的全程式多元团队的建设模式与探索，为以后的城乡规划人才培养和职业
边界提出了思考和广阔的思路，为城乡规划治理模式创新进行了较好的摸索与
实践。

　　（2）北京首钢老工业区复兴改造总师模式
　　1）首钢老工业区项目概况
　　首钢老工业区位于北京市石景山区，东距天安门广场约20公里，其建厂
历史可追溯至1919年，根据《北京市城市总体规划（2004~2020年）》对北
京城市的定位，2005年国务院批复了首钢搬迁调整方案，同年首钢5号高炉
停产标志着首钢压产搬迁工作正式开始。2008年前后，首钢实施了史无前例
的大搬迁，2008年北京市奥运会期间逐步减产，2010年底首钢主厂区全面停

产，正式结束了生产任务，成为一处面积达8.63平方公里的工业遗产。2014年年初，习近平总书记对首钢搬迁和未来的发展计划作出指示，北京成功申办2022年冬奥会后，市政府决定冬奥组委会入驻首钢，推动这一区域的更新改造和复兴工作。2016年5月冬奥会第一批工作人员入住首钢园区西十筒仓区域，正式拉开了首钢老工业区更新改造工作。

首钢老工业区的更新改造面临着生态环境薄弱、探索循环经济发展动力以及保护工业文化遗产资源、处理庞大的安置群体等问题，《北京市城市总体规划（2016～2035年）》对首钢老工业区的更新改造进行了明确定位：将其打造为新首钢高端产业综合服务区，是传统工业绿色转型升级示范区、京西高端产业创新基地、后工业文化体育创意基地，加强工业遗存的保护利用，重点建设首钢老工业区北区，打造国家体育产业示范区。

2）首钢老工业区复兴改造中总建筑师模式

关于首钢老工业区更新改造的总建筑师模式已经前瞻性地探索了11年，由获得"英国皇家特许建筑师"的吴晨先生担任首钢集团总建筑师，他也是首钢老工业区更新复兴的总建筑师，自2009年起，吴晨就开始作为项目总建筑师负责牵头组织首钢总体城市设计工作，历经十年的改造，首钢园一期已经开始为2022年冬奥会的组织运行进行服务。

吴晨总建筑师多年来深耕城市复兴理论的研究，早在2002年就公开发表《城市复兴的理论探索》，并于2018年受北京市发改委委托完成"新首钢国际人才社区建设实施规划研究"和"新首钢地区打造首都城市复兴新地标的内涵思路及路径研究"两个课题。以期通过做好空间复兴、产业复兴、功能重塑和活力复兴，实现文化复兴和生态复兴，叠加冬奥会效应将首钢老工业区做成世界工业遗存转型最好的范例之一，打造首都城市复兴新地标，在构建首钢新发展格局中展现新形象。目前吴晨与他的总师团队正按照北京新总规和相关文件的重要要求，植入复兴城市理论，重点规划建设首钢老工业区北区，努力将其打造为集高端数字智能、工业文化创意、科技创新、服务冬奥会配套等为一体的高端产业服务区。

首钢老工业区复兴更新改造的总建筑师制的组织构成为总建筑师及团队，统筹协同责任规划师、单体建筑师、景观设计师、各专项顾问。总建筑师首先负责地区总体复兴计划；责任规划师负责专项规划的编制，并协调各个街区之间的相互调整；单体建筑师以总建筑师制定的总体规划为蓝本进行改造设计，并结合设计导则进行基本设计，在之后的实施设计（类似施工图设计）中，单体建筑师反馈设计中遇到的问题和矛盾。由总建筑师召开协调会议进行细节的统一和调整，必要的时候调整设计导则以适应整个街区设计，在此基础上各单体建筑师修改完善自己的设计。

（3）北川新县城重建工作总师角色

1）北川新县城重建项目规划概述

2008年5月12日汶川特大地震后，中国城市规划设计研究院（以下简称"中规院"）按照住房和城乡建设部的部署，迅速投入抗震救灾工作，积极组织精锐力量开展灾后北川新县城的重建规划设计和技术服务工作，在完成总体规划之后，应对口援建单位要求于2009年6月成立"北川新县城规划工作前线指挥部"，以李晓江院长与朱子瑜副总规划师为核心，充当起北川新县城建设的技术负责"漏斗"和实施协调"龙头"，在北川新县城建设中发挥了"总师"的角色和责任。

中规院对北川新县城的总体规划，其核心特点有4个，第一对北川新县城的基地进行山水条件自然环境等的充分研究；第二是处理好城市功能，高效率地布置公共服务；第三处理好景观系统，将景观系统视为实现美好生活的必要条件；第四把握好道路交通，做好路网系统规划。

2）中国城市规划设计研究院北川新县城总师工作模式与角色

中国城市规划设计研究院在完成北川新县城总体规划之后，不再以具体项目的规划设计为主，而是主要发挥"总规划师"的协调把控角色和作用。从规划选址、方案可研、设计方案征集、建筑设计、建设协调再到竣工验收，以规划师的技术视角全程化参与、全阶段融入、全程化管理、全方位渗透，规划伴行科学重建，与众多设计团队、建设单位共同实现了北川新县城的高质量建设和呈现工作，使得北川新县城灾后重建总体规划及实施获得2011年度全国优秀城乡规划设计一等奖。

中国城市规划设计研究院在北川新县城"总规划师"的模式与角色实践，将规划师从"发令装置"变为"支撑平台"，以"北川抗震纪念园"项目的设计实施为例，对抗震纪念园项目实施优化设计服务，通过城市设计平台的搭建，将众多设计师工作统一在共同的框架之中，形成浓缩集体智慧的设计作品（图3-16）。

近四年的时间，中国城市规划设计研究院的"总规划师"角色可以从两方面量化表达。一方面是人力以及规划设计建设工作的实际参与，累计投入230人，13000人日，完成各类规划和研究30项，施工设计11项，协助完成建筑规模180万平方米、道路65公里、绿地200公顷的设计任务。另一方面是以技

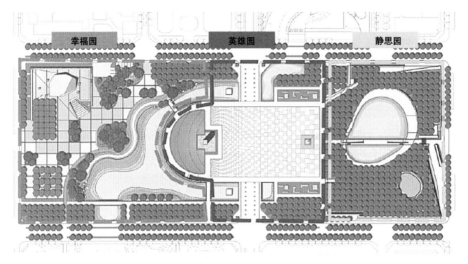

图3-16 北川新县城抗震纪念园城市设计总图
图片来源：朱子瑜，李明.全程化的城市设计服务模式思考——北川新县城城市设计实践[J].城市规
划，2011（S1）

术文件形式实现对行政管理的参与辅助，出具项目设计任务书55项，单独发出
工作联系单133份；与北川工程建设指挥部联合发出工作联系单28份，出具项
目设计方案许可56份，出具用地红线确认函15份；项目梳理工作中整理相关
依据文件88份，出具建筑放线图审核意见45份，出具建筑方案初审意见30份，
出具建筑施工图会审意见100份。

　　在北川新县城的规划建设中，中国城市规划设计研究院充分发挥自身技术
优势，创新性地以全程化的城市设计服务模式对"总师"角色进行补充，在宏
观层面与新县城总体规划平行进行，完成北川新县城宏观城市设计。在中观
层面主要是面向管治的城市设计服务与跟踪工作，一方面进行设计管理制度建
设，发挥"总师"角色，实现设计审查制度化；另一方面对重点项目的设计服
务模式进行优化，改变传统的保守参与模式，仅仅参与设计任务书的编制。以
"北川抗震纪念园"项目为例，变整体式设计为整体分包式设计，配合技术服
务的转变相应调整设计组织服务机构，引入名家院士作为顾问，明确设计分
包的落实，形成全新的设计团队结构。在微观层面，中规院的北川新县城城市
设计工作以查遗补缺、空间精细化设计为技术核心，确保公共空间内"公共物
品"的设计完备与使用良好，以城市街道家具为切入点开展工作；面向城市公
共管理，以一定的前瞻性起草编制完成《北川新县城建筑立面与户外广告标识
管理规定》，为日后城市管理部门的日常管理奠定基础。

（4）西藏鲁朗国际旅游小镇总设计师制度实践

1）鲁朗国际旅游小镇概况

鲁朗国际旅游小镇位于西藏林芝，境内具备世界级自然风景资源，是国家西部大开发战略与发展藏区旅游政策下的标志性项目，也是广东省重点援藏建设项目。采取政府主导、企业运作的方式，引入保利集团、恒大地产、珠江投资等众多企业参与规划建设，总投资约50亿元，占地约86公顷，2014年4月奠基，2016年5月全面竣工，2016年10月正式运营开放。项目筹划初始，广东省政府就聘请陈可石教授团队构架总设计师负责制，全程采用"城市设计先导原则"和"总设计师负责制"，作为规划建设目标和设计质量的保障。

2）鲁朗国际旅游小镇总设计师负责制实践

鲁朗项目中的"总设计师负责制"基本含义指由总设计师负责、参与和监督规划设计及实施的全过程，统筹协调各利益主体关系，确保总体艺术效果得以实现的一种设计管理制度，属于城市设计项目和领域的内容。项目中的"总设计师负责制"职能层级体系清晰、循环反馈系统运行良好，由总设计师团队组织及项目中所涉及的一切设计行为组织共同组成，自身团队架构原则上自上而下贴合生产的各个环节，整个工程的组织结构分为三级系统。为保障"总设计师负责制"的顺利实施，建立了高效的协调机制，便于总设计师对各规划设计部门的整合以进行理念、风格上的把握，同时保障各部门的工作积极性及效率，工作过程中总设计师团队积极使用各类沟通渠道和权利保障机制。总设计师团队依照法律合同和行业标准进行权力行使，在不同阶段履行不同职能，如项目规划和方案阶段的方案审核权，施工阶段的工程质量审核权以及材料采购、设计建设单位的建议权等等。不同阶段总设计师负责制的职能作用不同，可以分为7项基本只能，贯穿全局，又在不同阶段各有侧重（图3-17）。

总设计师职能	具体内容
调研分析	通过组织现场调研和专题研究等深入了解项目
策划论证	提出设计目标并进行科学性、可行性论证
顾问协调	对规划编制等工作顾问、协调
方案设计	按照总体设计理念设计部分重点项目方案
审核建议	对各个规划设计方案进行审核建议
监督控制	对项目进度、资金、艺术效果等进行监督控制
质保跟踪	对项目建设结果不合格的部分进行跟进修改

图3-17 鲁朗国际旅游小镇总设计师制度的职能作用与职权分布

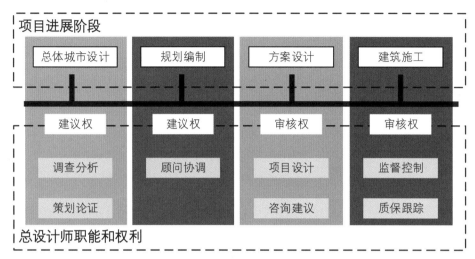

图3-17　鲁朗国际旅游小镇总设计师制度的职能作用与职权分布（续）
图片来源：陈可石，魏世恩，马蕾."总设计师负责制"在城市设计实践中的探索和应用——以西藏鲁朗国际旅游小镇为例[J].现代城市研究，2017（05）

3.3.3　城市更新与社区治理的社区（责任）规划师制度实践

随着存量型城市规划主流地位的确定以及城乡治理进程的加快，社区（责任）规划师的作用越来越受到关注，探索也日益增多，各地的工作模式与体制机制不尽相同，对于社区（责任）规划师的职责定位与人员选配差异也很大，有以规划部门为主导进行自上而下推动的，也有以其他部门为主导从社区治理角度自下而上推动的，我国的台湾地区较早在社区更新和治理中进行社区规划师模式实践并取得良好成效，近期北京以立法的形式确定了在全市执行责任规划师制度。

（1）台湾地区社区规划师制度与模式

台湾的社区规划师制度起源于20世纪90年代初，经过近30年的实践发展，形成了一套成熟的模式并在基层社区自治与更新中发挥了重要作用，其产生根基在于台湾地区自20世纪80年代中后期开始的体制转型、政治经济力量重组以及社区文化的觉醒。社区运动最早出现在台北区域，表现为台北庆城街居民为争取社区生存环境权益而采取的抗争性活动；后来民生社区工作者与居民一起进行了社区生活环境的自助式经营工作；1992年，台北福临社区采取了社区居民参与式的环境规划设计工作，宣告了台湾地区市民社会的到来，为社区规划师制度奠定了思想基础并开启了工作序幕；20世纪90年代台湾地区兴起了社区规划，由于地方环境改造以及社区民主参与的需求，"社区规划师"（或社区营建师）制度逐步得以确立。

1994年台湾文化建设委员会提出了一项重要的公共政策即社区总体营造计划，而社区营造计划的推动实施困境引发了对社区规划师制度的需求，1999年台北市都市发展局开始推动社区规划师制度，以期为社区提供专业咨询并进行地区环境整治的规划设计服务，形成自下而上的参与规划，实现"社区总体营造"目标。经过一年多的实践，成效卓著，为此全台各地纷纷效仿，2001年这一制度已推广到台湾各地，开启了台湾地区社区规划师制度历史性操作和全面实施的新局面。

台湾的社区规划师具有"服务性""公共性"和"当地性"3种基本特征。工作范畴主要包括6个方面：①设置社区规划师工作室，组成工作团队，为社区居民提供专业咨询服务；②参与地区环境改造、都市更新的咨询、发掘、整理和协助研究工作，提出规划设计构想；协助社区提出《地区发展计划》；③负责各地"社区规划师"网站的运营维护管理；④承担社区与行政管理部门沟通的桥梁，列席参加有关社区环境改造、都市更新等与规划设计相关的部门会议和研讨；⑤参与各地都市发展局委托的相关事宜，协助社区推动相关事务，如社会福利、健康医疗、产业发展、治安交通、公共卫生、人文教育、环境景观、心理以及生态等社区事务；⑥参与社区规划师交流及继续教育活动。

台湾社区规划师制度在社区营造、地区发展计划、都市空间改造及城乡风貌改造运动等方面都发挥了巨大作用，是存量优化、社会协同的典范，也由志愿性的荣誉职业发展到主流的专业职业，规划师的身份、角色以及收入性质都发生了转变，社区规划师的人数增加，发挥的社会功能进一步加大。

（2）北京的责任规划师制度实践

2004年北京首次提出责任规划师的概念，之后一些规划院和高校在老城、老旧小区、工矿厂区、传统村落的更新改造中进行了试点工作，经过10余年的探索实践，特别是在东城区经过一年的试点工作，大量的责任规划师下基层、进街道，在街区治理和公众参与之间架起了桥梁。2017年中共中央、国务院批复的《北京城市总体规划（2016年～2035年）》提出建立责任规划师制度的有关要求；2019年3月北京市发布《北京市城乡规划条例》，第十四条明确提出"本市推行责任规划师制度，指导规划实施，推进公众参与"，首次以地方立法的形式明确建立责任规划师制度，为责任规划师制度的进一步推广奠定了基础。

2019年5月10日北京市出台了《北京市责任规划师制度实施办法（试

行）》，各区积极响应，开启了多种工作模式，北京市规划与自然资源管理委员会成立了"责任规划师工作专班"，北京城市规划学会也成立了"街区治理与责任规划师工作专委会"。

目前北京市责任规划师制度在全市各区普遍开花，工作推进特色纷呈，各区模式不同，探索全面加速。以朝阳区为例，2019年积极为责任规划师的工作搭好台、服好务。首先建章立制，制定了《朝阳区责任规划师制度实施工作方案》，完成了36个团队、54名责任规划师的团队组建，团队实行"首席制+团队"，尽可能地根据朝阳区的实际需求进行团队的国际化打造，并搭建强有力的专家库和智囊团；其次是对责任规划师团队进行培训，4个月内组织了9门课的系统培训工作。并制定了一套考核机制，以鼓励为主，鼓励责任规划师开展工作，鼓励街道接受责任规划师开展工作；组织相关活动，竖立责任规划师的工作价值和权威性；做好宣传，给责任规划师工作的开展创造良好的氛围。

（3）上海市社区规划师制度探索

上海市于2008年起，以徐汇区为先导，结合风貌区开展社区规划师的试点工作，采取"1+2"模式（1位导师+2位规划师），促进社区的精细化管理和环境品质的提升。之后杨浦区、静安区、浦东新区、嘉定区等纷纷跟进，结合"15分钟生活圈"的打造，积极进行社区规划师的探索和实践工作，至2017年全市16个区已全面推行社区规划师工作制度。

以杨浦区为例，2018年1月，上海市杨浦区通过"大调研"行动走访问计于民，建立了"社区规划师制度"，每位社区规划师与杨浦的一个街道对应，为该街道的社区更新提供长期跟踪的咨询和指导工作。社区规划师由杨浦区政府选聘，采取自愿报名与政府筛选相结合的方式，结合各个社区的诉求及社区规划师自身研究领域进行分配，目前有12位来自同济大学城市规划、建筑、景观专业的专家学者被正式聘任为杨浦区的社区规划师，聘期为3年。

杨浦区社区规划师的主要职责是进行社区公共空间的微更新设计、推进"里子工程"的开展、把控"睦邻家园"等社区更新项目的设计等，全过程参与并指导更新项目实施，包括前期调研、方案设计、政策普及、群众动员及协调、监管实施及项目运营维护等各阶段的工作。几年来的工作成效显著，开展社区规划师工作切实有助于满足居民的生活需求，摸清社会需求的多元化、异质性，为政府民生投资和建设的精准化提供依据。

（4）深圳市社区规划师制度实践

深圳市进行社区规划师制度探寻的背景有其特殊之处，不同于其他城市的建设历程与城市化进程，深圳是我国改革开放的先行地，同时也是城市建设最早面临存量更新严峻考验的城市。其城市化进程是政府发轫的自上而下的历史进程，原农村社区已成为城市化的主要推动者，且很快就需要面对规划编制对象从新增建设用地向存量建设用地改变的状况，相应的规划实施的中心向非国有土地转移，于是作为城市规划管理体制补充的社区规划和社区规划师制度应运而生。

最早在2001年，龙岗区就启动了"顾问规划师制度"，旨在延伸和补充龙岗区快速城市化进程中的规划管理体制，顾问规划师以参与编制过龙岗区各镇、村规划的规划师为主，服务期为1年。之后深圳在快速发展转型过程中，基于现实需求吸取龙岗区既有社区规划师的制度经验，自2005年开始，逐渐形成了契合深圳需求、有效协调规划编制与实施的社区规划师制度。

如同深圳的改革开放具有示范意义，深圳在社区规划师制度方面的探索同样对全国其他城市起到示范意义。

3.3.4 乡村振兴推动乡村（驻镇）规划师实践

乡村规划师制度最早脱胎于英美、日本等发达国家的社区规划顾问制度，2007年国家发改委批准重庆市和成都市设立国家级全国统筹城乡综合配套改革试验区，结合2008年汶川地震后乡村重建中规划师工作的经验，2010年成都市率先在全国正式启动推行乡村规划师制度。随着我国乡村振兴战略与城乡统筹的进一步推动实施，目前全国范围内，多个省市借鉴成都经验推行乡村规划师制度、驻镇规划师制度，为城乡统筹发展、乡村治理体系创新和国土空间规划中的乡镇国土空间总体规划、村庄规划的编制完善探寻经验和实施抓手。最近广西壮族自治区和南宁市分别于2020年7月和10月出台了《广西壮族自治区乡村规划师挂点服务办法（试行）》《南宁市乡村规划师挂点服务办法实施细则（试行）》。

（1）成都乡村规划师制度实践

从时间和环境分析，成都乡村规划师制度的启动源于汶川地震后农村住房重建的督导员模式，在这种模式下，经过近两年的建设，成都市乡村地区的发展取得了显著成果，深深地影响了乡村的发展，让乡村尝到了甜头，同时也让城市管理者找到了抓手，为乡村规划师制度的建立奠定了基础。2010年9月成都市在全国率先建立乡村规划师制度，面向社会招募乡村规划师，并于2010年11月首批乡村规划师派驻到位，到目前为止，成都市已面向全国公开招聘了9批乡村规划师。

　　成都的乡村规划师是参照政府雇员的方式，由区（市）县政府按照统一标准招聘、征选、选调和选派并任命的乡镇专职规划负责人，按照事权分离的原则，乡村规划师负责协助镇人民政府完成涉镇（村）规划制定、实施和监督检查，土地综合整治项目工作的方案论证、验收复核等相关工作，不具有行政审批职能，但对所在乡镇的重大项目有"一票否决权"。成都的乡村规划师制度给乡村规划师制定了7项职责，即规划决策参与者、规划编制组织者、规划初审把关者、乡镇规划建议人、实施过程指导员、基层矛盾协调员和乡村规划研究员。成都的乡村规划师通过全过程参与乡村规划建设，串联起规划编制、审批、实施、核实等环节，理顺了农村地区的规划管理体制机制，作为深化城乡统筹和完善乡村规划治理的制度创新，切实提升了乡村规划和建设管理水平。

　　（2）北京乡村责任规划师制度

　　《北京市城乡规划条例》（2019年）正式提出"本市推行责任规划师制度，指导规划实施，推进公众参与，具体办法由市规划自然资源主管部门制定"。2019年5月北京市委市政府印发的《关于落实农业农村优先发展扎实推进乡村振兴战略实施工作方案》中提出"强化乡村规划引领，分类推进实施。推行乡村责任规划师制度，加强村庄规划编制过程管理，确保规划质量，杜绝千村一面"。要求在2019年新启动一批村庄的规划编制，到2020年年底，60%以上的村庄完成规划编制。

　　（3）杭州驻镇规划师和乡村规划员制度

　　2018年杭州市人民政府办公厅发布《关于进一步加强全市乡村规划管理工作的指导意见》鼓励实施驻镇规划师和乡村规划员制度，鼓励区、县（市）政府选择知名的城乡规划设计（研究）机构作为战略合作伙伴，为辖区乡村规划管理提供技术支持；鼓励大专院校加大与区、县（市）政府合作，参与乡村规划设计实践和乡村振兴跟踪研究。坚持"问题导向、试点先行、全域覆盖、全程服务"的基本原则，在全市范围内逐步推进驻镇规划师、乡村规划员制度，建立乡村规划联络员队伍，结合"百千万"活动常态化要求，在部分区、县（市）选择若干乡镇进行驻镇规划师、乡村规划员、乡村规划联络员的试点，为乡村规划科学编制和实施、乡村规划建设监督管理提供人力和技术支持。

　　（4）嘉兴驻镇规划师制度实践

　　为加快现代化网络型田园城市、江南水乡典范城市、"两美"嘉兴建设，切实提升全市镇村规划建设管理水平，嘉兴市2017年初印发《关于试行驻镇规划师制度的指导意见》，提出从2017年起，在全市范围内推行驻镇规划师制度，以镇为单位选聘驻镇规划师，负责小城镇规划建设管理全过程的驻镇技术指导和服务。

2017年年初，秀洲区率先在浙江省全省试点实行驻镇规划师制度，根据《秀洲区驻镇规划师制度实施办法（试行）》于2017年2月28日、3月10日分2批选聘16名驻镇规划师，提供小城镇环境综合整治全过程的专业咨询和技术服务。驻镇规划师是秀洲区以镇为单位，采取政府购买服务的方式，按照统一标准征选并聘请的乡镇规划（设计）专业负责人，负责小城镇规划建设管理全过程的驻镇指导和服务，通过高质量的规划设计和成果落地让小城镇彰显独特个性和文化特色。

3.4　国外规划治理相关制度与模式的实践

国外早已在城市建设管理过程中进行了多种形式的规划治理制度与模式的探索，一些发达国家已形成成熟的制度和可借鉴的经验，如法国的协调建筑师制度、美国的城市设计审查委员会制度和社区规划师制度、日本的建筑协议制度与主管建筑师协作设计法、英国的设计审查委员会制度等。也有很多著名的规划和设计学者长期专注于某些城市、某些片区的规划设计与更新把控跟踪，如艾德蒙·培根对费城和旧金山的城市规划和设计进行了持续多年的耕耘与把控，在城市设计与地方政府结合方面取得了杰出成就；乔纳森·巴奈特参与的纽约城市设计，是非常著名的城市总控模式成功实施的案例；日本建筑师桢文彦对代官山地区持续25年的设计更新改造工作等，提升了城市设计管理与规划协作的有效性和城市重点地区的空间品质与风貌特色，为我国城市总规划师制度的模式创新和实践提供了可供借鉴的案例与经验。

3.4.1　美国的城市设计审议制度

（1）城市设计审议制度概述

美国城市设计审议制度起源于20世纪70年代，是法定规划体系在城市设计方面的管理控制制度，是以设计导则为标准的城市设计控制手段，也是美国开发控制制度一种新的发展方向和区划法的重要拓展。区划法的内容是具有法律效应的刚性标准，而设计审议则以设计导则为准，是对刚性标准无法控制的内容予以控制，如色彩、材料、设计元素、景观等。城市设计审议制度主要通过设计审核与审查两种方式来控制城市建设项目质量，是政府控制城市设计或建筑设计中城市环境质量、美学形象领域的重要工具，审核可以实现强制性政策的执行，如区划审核；审查可以实现原则性政策的执行，如设计审查。

美国城市设计审议的程序在不同城市各有差异，但总体可以归纳为预申请、申请、审查、审议、裁决五个步骤，以上步骤由设计审议委员会（Design Review Committee）组织评议。委员会的成员由政府任命，定期进行换届选举，人员包括规划部门官员，规划、建筑专家，经济、工程、历史、法律等相关领域的专家，各方利益代表及政府工作人员等，充分体现了利益公平原则和民主意识。

项目申请人在正式申请设计审议之前与审议小组官员一起召开申请预备会，使申请人了解设计审议的相关城市设计导则依据、主要审议流程和必须提交的材料。美国的城市设计审议以城市设计导则为依据，部分小城市往往将审查和审议合并在公众听证会上完成，其中审查步骤是审议的基础阶段，目的在于通过前期的审查与修正工作减少后期审议环节中可能出现的意见分歧。具体由审查官员对设计个案进行核查，并允许设计个案进行必要的调整，在审查官员认定设计个案已基本满足导则要求后方可签署审查评估意见，并向审议委员会提交审议申请。一般情况下，审查官员的评估意见均会得到审议委员会尊重，举行公众听证会的主要目的在于以导则为法律依据，就审查官员难于定夺以及公众预先或当场发表的各种意见进行裁定，并通过投票形成评审建议。在未发现评审过程中出现明显过失的情况下，官方相关管理部门做出的最终裁决一般与评审建议保持一致。

（2）艾德蒙·培根对旧金山和费城城市设计的把控实践

城市设计审议制度在旧金山的实践过程中，设置了审议委员会有效法定人数值，是在确保审议决策有效的前提下必须出席的最少委员会成员人数，也是审议提案通过所必须获得的最少得票数，共设7名成员，有效法定人数值为4名。城市设计审议制度的核心技术手段是城市设计导则，审议委员会根据城市设计导则对设计方案进行审查审议，设计导则是否可以优先使用受基地位置、特点的影响，在方案被认为不符合设计导则但可比设计导则更好地实现目标的情况下，可以放弃设计导则这一评判标准。最终城市设计方案仍以审议委员会的决策为主，综合判断公共环境、公共空间、城市形态等内容是否符合设计导则，是否能够实施建设。

艾德蒙·培根参与的旧金山城市设计，也在设计审查程序中设置自由裁量审查，公众或开发商均可以通过自由裁量审查质疑设计导则的控制权。在费城中心区的保护与规划中，艾德蒙·培根结合城市设计审议制度，锲而不舍地进行城市设计实践，提出了解决交通问题、保护城市传统格局和历史风貌、处理好新与旧的关系等规划与设计方法，致力于形成一个完整的"同时运动"的系统。艾德蒙·培根在旧金山、费城的城市设计实践过程中，起到了一个城市总设计师的作用。他尝试将美国的城市设计审议制度与区划法进行结合，共同对城市设计进行控制。

美国设计审议制度衍生的设计审议委员会成为城市环境、风貌、景观的"总设计师"，通过设计导则指引开发商和设计师，为管理人员提供行政决策，为公众提供参与管理城市建设的平台，在美国城市设计过程中起到了综合统筹、组织多方协作决策和有效控制城市景观风貌的作用。

（3）乔纳森·巴奈特参与纽约城市设计的实践

乔纳森·巴奈特是20世纪70年代美国很有影响力的城市社会活动实践家，他有着丰富的城市设计实践经验和渊博的建筑、规划理论知识。乔纳森·巴奈特基于对美国现代城市设计问题的反思及对传统城市设计思想的批判，提出了新的城市设计观念，对多年城市设计实践进行总结，认为城市设计具有综合性、过程性、参与性和整体性。

1967年，乔纳森·巴奈特受市长委派在纽约成立美国第一个城市设计工作小组，之后担任纽约市总城市设计师，进一步在更大范围内实施城市设计。结合区划法和城市设计审议制度，纽约市率先建立了区划特别区，通过美国纽约市剧院地区、林肯广场、第五街、格林威治街及下曼哈顿地区等特定区的城市设计的实践，促使城市设计目标和措施渐趋成熟，并解决了大尺度规划及设计的基本问题，不再将城市看作一个巨大的建筑物，而是充分考虑城市的综合性、复杂性和系统性，进行整体城市规划与设计。

经过不断的实践与探索，乔纳森·巴奈特提出城市设计要综合多学科的知识、协调各种团体的利益关系，并且设计者自身要有明确的判断力，在各项决策中能提出自己的看法，这样才能完成一个好的城市设计，即"提供好的场所，而不仅仅是堆放一组美丽的建筑物"。1974年，乔纳森·巴奈特在纽约市城市设计经验的基础上出版了《作为公共政策的城市设计》一书，后来经过充实和修改，更名为《城市设计概论》出版发行。该书论述了城市设计内涵的演变，描述了纽约市的奖励区划实施技术及城市设计决策过程，其提出的城市设计是"设计城市而不是设计建筑"（design city without design building），以及城市设计是"一系列行政决策过程"的观点强调了城市设计制度与实施技术在导控开发过程中的作用，对城市设计理论与实践的影响都非常大。

3.4.2　法国的协调建筑师制度

（1）协调建筑师制度概述

法国的协调建筑师制度是为了衔接开发控制和建筑形态设计而提出的"总建筑师"制度，起到对城市设计项目实施承前启后、设计与管控一体化及组织协调的重要作用。协调建筑师是在项目开发策划初期，由城市开发主管机构竞标确定，经过严格的竞标和评审程序，通常最终入选的均为富有实力和名望的建筑师及城市规划师，以公共立场为导向作为所负责地区的总体设计师，起到协调者和管理者的作用。

法国规划体系主要分为战略性的总体规划和地方性的土地利用分区规划，其中总体规划从大尺度上确立城市发展形态、土地用途配置、开发方式和主要基础设施，为地方性规划提供基本框架；土地利用分区规划明确用地性质、地块建筑功能、容积率等，2000年地方城市规划取代了土地利用分区规划，成为规划、建设与管理审批的重要依据。地方城市规划注重城市整体关系的协调有序，对城市空间布局、形态、建筑高度、立面、风貌特色进行约束，是"协调建筑师"进行城市设计管控与工作的重要依据。

法国协调建筑师在指导地方城市10~15年的规划发展过程中，以公共利益、专业素养为价值导向，担当所负责地区的总体设计、规划管理及组织协调等多重任务，通过制定方案、对上层规划反馈、对建筑管控、搭建协商平台等工作管理及协调城市规划的原则性规定与具体建筑设计之间的关系，使宏观的规划设想能合理地落实到微观的空间环境中，推进城市设计落实，实现城市公共空间精细化管理和城市空间的品质提升，法国协调建筑师制度使单体建筑具有自己的个性，同时又取得总体协调效果。

（2）巴黎左岸项目的实践

巴黎左岸协议开发区改造是巴黎城区大规模的城市改造项目（图3-18），1970年代巴黎市政府就开始探讨这一地区整治改造的潜力和可行性，并在1987年明确提出规划目标，1988年启动了塞纳河北岸的贝西协议开发区整治规划项目，1991年委托巴黎整治混合经济公司SEMAPA1牵头运作左岸地区的更新改造，制定开发计划的目标，为规划设计新的城市结构，加强13区与塞纳河之间的联系，促进功能的多样化和社区混合性，以更好地将新规划区融入周边老城区、加强就业能力、平衡东西部经济发展差距。

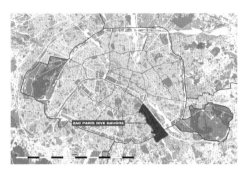

图3-18　巴黎左岸协议开发区区位与现状
图片来源：邹天宇.巴黎左岸协作开发区规划经验与启示[J].中外建筑，2016，188（12）：104-110

在具体的项目街区设计中，巴黎整治混合经济公司联合协调建筑师制定具体的规划设计手册和图纸，制定该街区城市、建筑、景观和环境等方面的指导手册和各地块的详细规划。在全套规划设计文本编制完成后，举行相关开发商听证会，协调组织开发商自由地选择负责其项目的建筑设计师进行建筑单体的方案设计；在协调建筑师的协助下由巴黎整治混合经济公司根据提交方案的优劣和报价来选择确定准入的开发商。在选定开发商及单体建筑方案初步构思、建筑方案最终形成和建造实施的过程中，协调建筑师协调每个单体建筑的设计和公共空间的设计，促进相邻地块间设计师之间的协商和沟通，严格保证整个地区开发建设的协调性。

巴黎左岸协议开发区鲍赞巴克的玛森纳开放街区设计最为著名，整个规划建设过程由鲍赞巴克负责协调，创造出统一性和多样性、连续性及非连续性的完美融合。在玛森纳开发街区中，鲍赞巴克建立了一系列严格的设计导则，包括城市空间组织形式、建筑形态及环境景观设施等，指导性的导则为单体建筑的设计师提供了各种设计措施、标准及计算方法（图3-19）。

3.4.3　日本主管建筑师城市协作设计方法

（1）城市协作设计方法概述

20世纪80年代中期，随着日本经济的飞速发展，人们的生活水平获得了极大提高，对城市居住、办公及娱乐空间的品质需求提出了更高要求，在这种背景下，1981年由日本建筑师内井昭藏正式提出了"城市协作设计法"。该方法是一种由不同建筑师共同参与和管理群体形态设计的方法，把一个大项目分解为若干需要通过协作才能完成的小单元，更注重细节设计，能够更精细地去

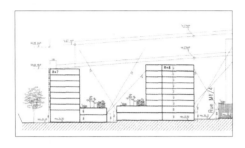

图3-19　玛森纳街区效果图
　图片来源：陈婷婷，赵守谅.制度设计下的法国协调建筑师的权力与规划责任[J].规划师，2014，30
（9）：16-20

设计公共空间并给每个单元都注入一定的个性。为营造更高质量的空间，就需要有一位"协调者"与建筑师们一起工作来创造统一的建筑风貌，该"协调者"在城市设计、景观设计和管理方面具有一定的知识，是设计中有能力考虑环境因素的"主管建筑师"。

日本的土地采用绝对私有制，城市协作设计方法可以解决多元化的土地开发主体间的矛盾，保障环境整体协调，土地所有者或使用者之间可以自发结合进行商议，在满足规定性设计要求的基础上，共同约定片区内的建筑形态、功能布局、建筑风格、街道色彩等设计要素，建立共同遵循的片区协作设计管理制度。主管建筑师在其中起到"建筑师协调者"的角色，通过城市协作设计方法，主管建筑师和协作建筑师们讨论城市设计，创造和发展群体形态。其中主管建筑师负责提出总体规划并把握城市设计的总体发展方向，提出设计主题的构思，向分区协作建筑师提供各种参考信息，并在建筑形态、材料等方面征询协作建筑师的意见，设计团队中产生的问题通过主管建筑师协作得到解决（图3-20、图3-21）。

1988年，城市协作设计方法获得了日本城市规划协会颁发的"设计与规划"奖，其在塑造城市空间多样性和整体性方面所起到的作用受到业界肯定。日本以主管建筑师作为协调者的"城市协作设计方法"通过不断的实践，成为城市开发活动过程中协作设计、统筹规划的重要方法。

（2）幕张湾城的实践

城市协作设计方法在日本多个城市的各类项目中均有实践，如京都龟冈古世住宅团地、水户樱丘住宅团地、涉川商业街、熊本县诧间住宅团地、千叶县幕张湾城、长野金井新城等项目，主管建筑师由政府、项目规划委员会、设计

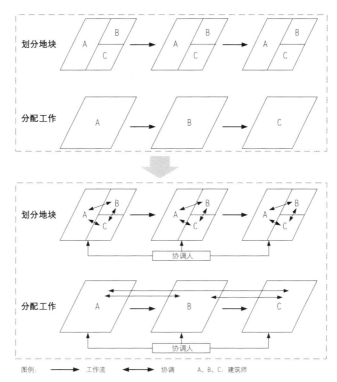

图3-20 城市协作设计方法中不同地块划分和设计工作安排流程图
图片来源：图3-20、图3-21均引自：北尾靖雅. 城市协作设计方法[M].
上海交通大学出版社，2010

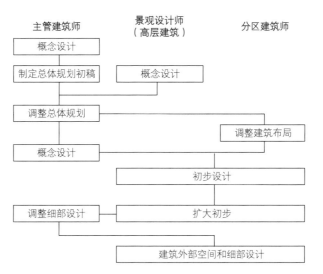

图3-21 主管建筑师的设计工作流程图

委员会、业主或其他自发组织聘请，在其中起到协调组织作用。

幕张湾城项目介于东京市区与成田国际机场之间，总开发用地面积520公顷，为综合性城区开发，总体功能分区包括中心商业区、商务研发区、文教区以及居住区，重点强调要促进住区功能复合化，营造对外开放的都市型公共空间，并具有特色鲜明的场所感。20世纪90年代初开始制定开发计划，在开发建设全过程中以规划设计委员会的模式对街区中各个开发项目的规划设计展开了近20年的协调运作，并建立了较为完善的城市设计协作制度（图3-22）。

考虑到整个街区的开发建设需要较长周期，规划设计委员会聘请了4位主管建筑师和22位协作建筑师，参与开发计划制定、总体城市设计方案构思及城市设计导则编制，并由主管建筑师统一负责城市设计实施过程中的协调把控工作，建立了城市设计协作制度。在整个项目的开发建设过程中，主管建筑师参与城市设计的后续工作，审核各个项目的规划设计是否符合城市设计导则，以制度化的运行模式多层次地开展规划设计协调工作，力求最大限度地强化街区中各个街坊或各个建筑之间的关联性，进一步促进街区空间环境的整体性（图3-23）。

规划设计委员会分别在街坊层面、分区层面和街区层面进行协调与把控。每个街坊有一位参与设计的建筑师负责统筹协调不同设计师分担的各栋建筑之间的相互关系，有一位委员出任这一街坊的规划设计协调人，把控街坊内城市设计导则的落实情况，并负责代表该街坊协调与相邻街坊的相互关系。每个分区内由一位街坊协调人兼任分区总体规划设计协调人，总体把控分区城市设计导则的落实情况，并负责分区的环境设计和协调各分区之间的相互关系。

规划设计委员会定期召开整个街区的规划设计协调会，审议通过经街坊和分区层面协调把控后的规划设计，并及时根据需要对总体城市设计方案或城市设计导则调整进行研讨。分区协调人或各街坊协调人和相关建筑师不定期将设计模型或图纸进行汇集，举行"设计工作坊"的非正式协商会，共同核对城市设计导则的落实情况，并探讨如何在规划设计上协调处理不同建筑之间或不同街坊之间的相互关系，协商解决相应产生的规划设计矛盾。例如在用地规模较大的超高层街坊设计中协调人统筹协调十余家参与的设计事务所，强化由不同开发商负责部分的呼应关系，力求塑造街坊的空间整体性、外部街道的空间连续性；当设计与导则产生矛盾时，主管建筑师作为"协调人"的身份进行设计协调与审议。

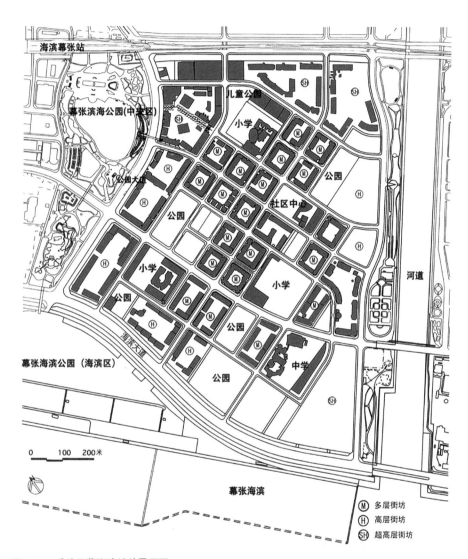

图3-22　千叶县幕张湾城总平面图
图片来源：图3-22、图3-23均引自：黄大田.以多层次设计协调为特色的街区城市设计运作模式——浅析日本千叶县幕张湾城的城市设计探索[J].国际城市规划，2011，26（6）：90-94

图3-23　千叶县幕张湾城鸟瞰与街景图

3.4.4　德国重点地区顾问团队制度

（1）重点地区顾问团队制度概述

德国城市规划体系完整、控制力度强、结构严谨，目的是通过对空间、功能、交通、建筑形态等要素的控制和引导，提供优美舒适的人居环境。法定规划体系为建造指导规划，包括城市层面的土地利用规划和区域及地块层面的建造规划，与我国的城市总体规划和详细规划相类似。

在德国，城市设计的战略引导、多元化要素控制作用较为突出，尤其是城市重点地段的城市设计不仅关注空间形态，还拓展到经济效益、社会公平、景观环境、交通组织等方面的设计控制，重点地区的城市设计项目通过组建"顾问团队"来保证城市设计的落地实施。"顾问团队"基于人力资源和协作效率的考虑，以城市设计、规划、建筑、景观专业人员为核心成员，聘请精通相关学科知识、具备丰富实践经验、在专业领域具有权威性的专家学者作为顾问，担任重点地区城市设计的"指导者、参谋者、监督者"，提供咨询、建议和技术支持。

"顾问团队"通过建筑设计方案审查管控城市品质，评估和验证城市设计的实施情况，在底线指标管理的基础上加强弹性控制要素的审查和评估，为工程规划许可、规划竣工验收提供实施依据，"顾问团队"作为第三方团队协调政府行政管理、企业项目开发、公众利益诉求等方面的利益关系，起到协调统筹作用。

（2）汉堡港口新城的实践

汉堡港口新城（Hafencity）是全球滨水新城开发项目中最具特色的典范之一，集办公、居住、文化、休闲、旅游和零售业等功能于一体，该项目是德国重点地区"顾问团队"介入城市新区全过程管理的经典案例，汉堡港口新城有限公司（HHG）作为政府和私人之外的第三方"外脑"在项目开发过程中进行统筹、协调、审查，整体把控项目的开发与建设，起到"顾问团队"的作用。

2000年2月市政府决议通过汉堡港口新城总体规划，预计2025年完成所有项目开发建设；2006年开始，所有建筑计划经由城市开发委员会跨党派进行讨论后，由城市开发和居住管理局制定计划并颁发建筑许可证；通过十年的建设该区域成为新的内城中心，2010年对总体规划进行修订。

由HHG公司、城市开发和居住管理局、原总体规划的拟定者，以及 Kees Christiaanse 和 ASTOC 设计组对总体规划进一步改进，逐步修订总体方案，总规的修订进一步扩展与强化了汉堡港口新城的城市功能，同时修订的总体规划以高质量标准对城市开发区进行了完整的设计。

在上一层次的规划修订和城市设计完成后，HHG公司组建"顾问团队"，团队由不同领域专家组成，如市场顾问、规划师、建筑师、环境组织、社区组织等。"顾问团队"对地块内所有土地开发都进行公开竞标，包括设计方案和投资计划，根据设计方案是否能带来最佳价值评定竞标文件，中标方需要和"顾问团队"密切合作开始为期一年的交接和方案优化。优化过程运用专家和顾问团队的知识经验和影响力来尽可能保障各方利益的平衡，同时达到规划预期的效果，为保障前期规划设计理念的高效落地提供技术支撑。

汉堡港口新城开发项目中HHG公司组建的"顾问团队"建立了跨部门的沟通平台和协调机制，有效落地实施规划设计理念、形成统一协调的权力和制度保障。其中荷兰KCAP设计公司获得Hafencity规划层面的国际竞赛，也获得了25年长期服务合同，完成城市设计、地区结构规划、地区空间设计指导等工作，承担主要滨水空间的景观方案设计，并协助HHG公司进行顾问和管理工作，完成衔接城市设计理念到项目建设的全过程、动态的跟踪服务。

3.4.5　英国城市设计治理模式

（1）全国性城市设计框架

英国经过百年的探索形成了较为完整的城市规划治理体系，法定的城市规划是各级地方规划部门在编制发展规划和实施开发控制时必须遵循的依据。1947年英国《城乡规划法》建立了以发展规划为核心的城市规划体系，对开发土地及建筑设计进行全过程控制，规定任何开发项目必须获得规划许可；1968年明确了法定发展规划包括战略性的结构规划和实施性的地方规划，以及通告、议会报告、规划政策指引和报告、区域规划指引等形式的中央政府的城市规划政策。1990年英国开展城市设计控制系统的研究，主要通过审查体系对城市设计实施进行控制。

城市设计是英国城市开发控制的组成部分，贯穿于规划全过程，受规划体系的制约，城市设计控制内容需要纳入规划许可的审批当中，体现了英国规划行政体系的中央集权特征，也体现了开发控制的自由量裁特征。

1998年英国成立了以"解析城市衰败的原因、提出实际的解决方案"为目的的"城市工作小组"，由国家副首相牵头，建筑师理查德·罗杰斯作为主要负责人，协调中央政府、地方政府、开发商、设计师、公众等多方利益，旨在提升城市设计质量和经济发展水平，保护和维护生态环境，保障社会福利，并于1999年形成《城市工作报告》。报告提出105条建议，包括城市设计、交通联系、环境管理、城市更新、技术创新、城市规划、土地供应、建筑循环利用和地产投资等方面，建议提出发展并实施全国性的"城市设计框架"，通过土地利用规划和公共资金引导传播关键性的城市设计导则。

依据全国性的城市设计框架（图3-24），国家层面中央政府提出规划政策和说明指引，强调宏观管控的设计监管作用，鼓励地方追求高质量、富有包容性的设计，明确了场所评估、政策谋划、方案设计、决策制定、工作协调等工作内容对理想场所塑造的重要作用，为国家中观层面提供综合的设计指导。另外国家副首相办公室作为主要发布单位，也颁布了一系列城市设计指引，统一城市设计的实施标准、实施路径，为各类型转型规划提供技术参考和规范依据。地方层面主要施行地方发展框架，对改造区域的未来发展方向提出核心策略，对于详细的开发控制区域提出城市设计政策引导控制具体开发项目。

作为英国城市工作小组的重要依据，城市设计框架是城市规划体系的衍生产物，依据框架制定的城市设计导则是地方政府进行项目审批与实施的重要参

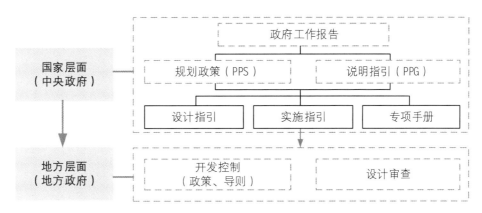

图3-24　英国国家城市设计框架图
图片来源：尹名强，胡纹，李志立，等. 转型与发展:城市设计国家框架体系的构建思路——英国的经验教训与中国的发展[J]. 规划师，2019，35（3）：82-88

考标准和依据。为了保证城市设计导则能够有效实施，英国许多公共部门参与编制了各种类型的纲要和导则，重点在建筑与城市环境是否协调、建筑形态是否符合导则要求方面。在设计审查过程中，英国政府首肯的建筑与建成环境委员会（CABE）针对开发项目提供相应的建议与意见，确保公共环境与广大公众的需求和期望。

（2）建筑与建成环境委员会的城市设计治理实践

由于城市设计运作过程中利益协调困难、评价标准模糊、技术应对不足、管控尺度和力度难以把握等一系列问题，英国建筑与建成环境委员会（CABE）成为国家认可的全国性半正式机构开始全面介入英国设计治理过程，CABE作为独立于公共与私人部门的第三方参与，进行城市设计全过程的监督、促进与协调。CABE参与设计治理的重要工具包括设计导引、设计审查和设计激励，其中设计导引是项目开发建设的城市设计管控依据，包括城市设计战略、设计概要和设计导则；设计审查是获得规划建设许可的评审环节；设计激励则是通过资金资助、税收减免、开发面积奖励等措施实现建设目标的一系列政策。CABE在城市设计治理过程中起到参与者、协调者的重要作用，贯穿于从宏观决策到中观管治再到微观具体项目建设的全过程，协调和平衡各主体之间的权益，确保各主体履行适度的责任。

CABE的组织架构包括资源部、设计和规划建议部、公共空间部、设计审查部、教育和外部事务部5个部门。设计与规划建议部是直接参与并辅助开展规划相关工作的部门，工作内容主要包括协助地方政府的政策制定、为地方政府和社区提供设计建议等；公共空间部专注于提升公园绿地、生态、街道、广场等城市公共空间的设计，主要受特定客户委托协助制定发展和设计策略、各类实践引导、提供培训服务、开展相关政策与案例研究、发布设计倡议等；设计审查部主要协助地方政府开展设计评价工作，负责外聘评审专家、组建设计评价小组，并根据国家政策和自主研究发布设计评价原则、标准以及案例研究报告。

在英国的城市设计治理实践中，CABE根据实际需要衍生出15种具体的设计治理工具，包括基础理论研究、听证调查、实践导引、案例研究、教育与培训、奖项促进、活动开展、设计倡议、机构合作、设计评价、指标控制、项目认证、竞赛开展、资金协助、授权辅助管理。这些设计治理工具在一定程度上贯穿了城市设计运作的全过程，但每一项工具只有在特定环节或者运作的某一阶段才可能发挥应有功效，反之则不然（图3-25、图3-26）。

在城市设计治理过程中，CABE凭借第三方的独立特性起到协调公私双方的作用，进而改善建成环境设计质量，推动全社会的可持续发展。CABE的城市设计治理方法与实践路径为我国国土空间规划治理和城市总规划师制度创新提供了思路。

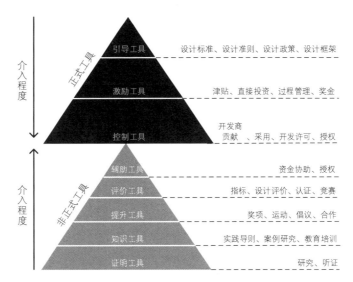

图3-25 英国建筑与建成环境委员会设计治理工具箱
图片来源:图3-25、图3-26均引自:祝贺,唐燕.英国城市设计运作的
半正式机构介入:基于CABE的设计治理实证研究[J].国际城市规划,
2019,34(4):120-126

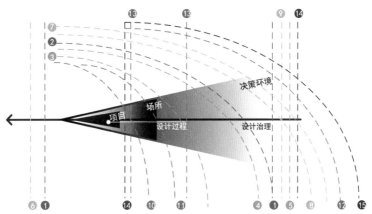

1.听证 2.研究 3.案例研究 4.实践导则 5.教育/培训 6.奖励 7.合作 8.运动 9.倡议
10.认证 11.设计评价 12.指标 13.竞赛 14.协助 15.授权

图3-26 不同治理工具作用于城市设计运作的不同阶段

创新

城市总规划师制度的

模式创新探索

4.1　城市总规划师制度的价值取向

城市总规划师制度与模式创新体现了国家治理与城乡规划的有机结合，期望运用整体性的思维和全生命周期的理念统筹城乡的规划、管理、建设、运营等环节，完成保护、更新、建设等工作，真正实现"一张蓝图"绘到底。

2020年，我国城乡规划发展面临百年未有之大变局，城市总规划师制度的提出与架构既是国家治理体系与治理能力现代化的迫切需求，又是城镇化后半程规划治理模式的重大创新，能够满足城乡社会高质量发展需求，具有不同于以往城市规划师的历史使命和价值要求，需要树立契合新时代特点和要求的价值取向、目标与定位。依据战略性、全局性、科学性、整体性、系统性的基本原则，城市总规划师团队进行资源价值提炼、国土空间布局、功能分区指引、产业发展协调、基础和公共服务设施系统平衡、建筑风貌管控等本底规划研究，成为城乡空间科学发展的研究者、谋划者、管控者、实践者。

4.1.1　现代治理中的创新实践

城市总规划师制度是我国高质量发展转型背景下，推进国家治理能力与治理体系现代化的模式探索与创新实践，也是在中华民族伟大复兴战略全局、世界百年未有之大变局中加以谋划、主动求变、科学应变的创新响应。

习近平总书记2020年11月12日《在浦东开发开放30周年庆祝大会上的讲话》进一步强调提高城乡治理现代化水平，开创人民城市建设新局面，坚持广大人民群众在城市建设和发展中的主体地位；提高城乡治理水平，推动城乡治理手段、治理模式、治理理念创新。城市总规划师制度立足于城乡空间资源优化配置的基础站位，致力于国家治理体系和地方治理能力现代化的总体目标，以领军人物为核心主导，统领专业技术团队，创新规划理念，在空间规划、设计、实施、监督、管理的关键环节统筹把控和持续跟进，通过技术与行政管理"1+1"的模式，实现"人民城市人民建，人民城市为人民"的创新实践，使城市成为人民群众高品质生活的空间。

4.1.2　整体管控下的全局谋略

城市总规划师制度的提出作为现代规划治理模式的重大创新，涵盖了国土空间规划的方方面面，必须围绕整体性和系统性的核心思想，深入研究、科学认知国土空间的资源本底，在宏观把控全域全要素的基础上，明确底线控制和刚性约束，做出国土空间高质量发展的全局谋略。

从全局战略的站位和高度谋划空间功能、设施布局、风貌管控、服务公平等国土空间规划重点内容，实现总规划师在规划治理中多重角色的有机统一。具体通过技术与行政管理"1+1"的方式，以国土空间治理为目标、规划设计实施为导向、规划管理技术为手段，落实国土空间规划的公共政策，实现有效管控和实施效果，谋划全局策略。

4.1.3　高质量发展的技术把关

"十三五"以来，全国各族人民统筹推进"五位一体"的总体布局，协调推进"四个全面"的战略布局，坚持供给侧结构性改革，推动高质量发展，取得了阶段性的进步和胜利。党的十九届五中全会明确我国已经进入"高质量发展阶段"，要求"十四五"期间应紧扣"推动高质量发展"，贯彻新发展理念，构建新发展格局，全面优化国土空间格局，推进以人为本的新型城镇化发展战略，全面推进乡村振兴，构建高质量发展的国土空间布局和支撑体系。

城乡规划学作为一级学科专业，技术性和综合性是毋庸置疑的，城乡空间的发展演变是一个极其复杂的巨系统，需要有专门的、受过长期培训的、经历过长久职业历练的领军人物、专业人士和相关专业技术配套来整体把控、监督、负责，才能实现国土空间的高质量发展。城市总规划师的模式和制度创新正是立足于推动高质量发展的总体目标，发挥城市总规划师团队的专业技能和城乡规划的公共政策属性，通过规划的技术管控与行政管理属性和职能，以规划技术管理与空间治理整体结合的方法，为构建高质量的国土空间布局和支撑体系预备好、落实好空间条件。

4.1.4　全生命周期的平衡协调

城市总规划师模式以整体思维和系统性为方法论和内容体系的核心，实行城乡空间横向到边的全要素管控，落实纵向到底的全生命周期管理，进一步强化国土空间从规划设计、建设施工、管理调控到实施监督的全过程多环节的协调发展。运用整体性思维和全生命周期理念，完成城市发展、建设、保护和更新等工作内容，真正实现"一张蓝图"绘到底，保障国土空间规划公共政策属性的持续性、有效性、有序性和递进性。

目前我国城乡规划法律法规体系逐步健全，国土空间规划的法律体系逐步确立，而2020年颁布、2021年1月1日开始实施的《中华人民共和国民法典》

作为市场经济的基本法，对国土空间规划也起到了深远影响。但坚持依法治国以及国土空间规划法制属性的增强，并不意味着规划治理中的一切事物都可以依靠法律规范来解决，城市总规划师的平衡协调功能就显得尤为重要。

城市总规划师需要以专业的视角、依法行政的理念、平衡公正的思想以及与时俱进的智慧，促进相关设计导则的形成、地方规章与条例的出台，并理性地平衡政府、社会团体、企业与公众之间的利益关系，做到技术决策权与行政决策权、城市的保护与发展、政府与市场、企业与个人利益的有机平衡；更应该从专业技术角度做好上下级规划、总体规划与专项规划、详细规划与建筑设计之间的协调与衔接。

4.1.5　有效市场中的有为治理

党的十九届五中全会对科学把握市场与政府关系进行了总结和定位：全面深化改革，构建高水平的社会主义市场经济体制，充分发挥市场在资源配置中的决定性作用，更好发挥政府职能，推动有效市场和有为政府更好结合。随着国土空间"五级三类"规划体系的探索与实施，对规划的编制技术与管理技术都提出了新的要求。以往规划编制工作大多由专业技术院所完成，管理实施由政府规划管理部门执行，二者之间的对接与协调主要体现在规划编制过程中，造成规划编制与管理实施的脱节；而众多部门之间的利益博弈也造成了规划实施难度大、规划协调性差的局面。

国土空间规划要求在摸清底数的基础上，对全域全要素进行"一张图"的规划与管理，立足于当前城乡空间高质量发展的新要求，亟须建立国土空间全生命周期的规划治理制度与模式，担负协调平衡、动态调整、评估监管和弹性发展等重任，提供强有力的技术支撑和专业管控。城市总规划师制度与模式的创新响应城乡空间高质量发展诉求，能够有效实现深化政府职能改革，发挥有效市场作用，创新政府有为管理途径，指挥和组织好规划建设的各类机构和力量，激发各类市场主体活力，最终实现从重编制与管理到空间有效治理的顺利过渡。

4.1.6　有限边界内的"1+1"管理

城市总规划师制度是为探索城市高质量发展而生的制度，是乡规划与设计实施领域的一项创新模式，但是任何专家团队的智慧、知识、经验、精力和专业技能都是有限的，所以城市总规划师的工作范畴应该是在有限知识边界与学科专业限定内，有所为有所不为。在明确的工作界限内，指挥和组织好规划建设的各类机构和各方力量，通过行政管理与技术管理"1+1"方式，进行一定时间期限的国土空间开发的全生命周期管控，保障规划实施的阶段性效果。

城市总规划师制度的主要工作方式是行政管理技术管理相结合。行政管理主要体现在通过城市总规划师制度和机构的确立，建立一种可以统筹协调城市行政管理、规划管理、建设实施等组织机构的桥梁，理顺垂直条块和横向空间的关系，统一与均衡政治理性、经济理性、功能理性、文化理性和生态理性，直接介入与具体执行国土空间治理的全过程。技术管理则作为行政管理的技术接口，主要体现在基于整体性的方法论，进行全域全要素的本底规划研究、明确城乡国土空间发展的底线与刚性约束、分解城乡发展大战略的技术任务、指明规划设计编制的技术方向、做好城市管理的决策技术支撑，在五级三类国土空间规划编制的基础上，以本底规划为实施总控的根基，做好各专项规划之间的协调，以城市设计作为实施管理的手段。

4.2　城市总规划师制度的职责边界

城市总规划师制度作为城镇化后半程和高质量发展阶段，完善国家治理体系、提升政府现代治理能力的一项创新举措，应在有限范畴内实现国土空间全域全要素的发展把控和规划治理。

4.2.1　国民经济和社会发展规划和远景目标的协助制定

根据党中央和国家的各项文件精神、《中共中央关于制定国民经济和社会发展第十四个五年规划和二〇三五年远景目标的建议》以及同期上级《国民经济和社会发展的五年规划及远景目标》，深刻认知高质量发展阶段的具体要求，深入分析和认知城乡发展的问题、机遇与约束条件，负责协助同级党委、政府制定《国民经济和社会发展的五年规划及远景目标的建议》，组织、协调、落实《国民经济和社会发展的五年规划及远景目标》的编制，引领城乡经济、社会、政治、文化、生态建设，推动高质量发展，构建新发展格局。

4.2.2　重要产业规划和国土空间规划的组织编制

根据《国民经济和社会发展的五年规划及远景目标》，围绕党的十九届五中全会提出的"基本实现新型工业化、信息化、城镇化、农业现代化，建设现代化经济体系"的精神，进行重要产业规划的组织编制工作和重大项目的空间落位。重要产业规划的编制应遵循"低碳经济"和"绿色发展"的原则，以生态文明为导向，根据资源禀赋与实际需求优化提升产业结构，构建现代产业体系。

2019年5月中共中央通过《关于建立国土空间规划体系并监督实施的若干意见》，标志着国家关于统一规划体系与国土空间规划体系的顶层设计已经完成，理顺中央与地方政府之间事权关系的五级三类国土空间规划体系正在逐步完善之中，从实施性、可操作性的角度，配合当地政府进行市、县与重点乡镇级国土空间总体规划的编制、审查与实施。

以国土空间总体规划为基础，统领全域空间规划，编制、审查与实施重点地区的详细规划与专项规划，处理好各专项规划之间的协同关系以及专项规划与详细规划的衔接关系。特别是重要专项规划的基础研究工作，重点把握面向审批管理的国土空间详细规划的创新编制。

4.2.3　城市本底规划与风貌的研究管控

国家机构改革和国土空间规划体系的确定，并不意味着对地方实践和创新探索的束缚，城市总规划师制度与模式应立足于生态文明建设理念、服务于国土空间规划体系和其他重点区块、地段城市设计的科学制定，深入进行全域全要素本底规划的研究。本底规划是一个长期、动态、开放的研究过程，有助于深刻认知城市发展的区域限制、本底资源、刚性约束等条件，可以解析和明确城市发展大方向、大战略的技术任务，指明编制各项规划设计的技术方向，做好管理决策的技术支撑。

城市总规划师模式是规划实施与空间治理相融合的创新实践，其技术管理与行政管理"1+1"的模式重在实施管控，最直接和最有成效的突破口则是城市风貌的管控。随着新一轮技术革命与工业化进程，千城一面、文化消失、特色湮灭等问题愈发严重，2020年4月住房和城乡建设部与国家发改委联合发布《关于进一步加强城市与建筑风貌管理的通知》（以下简称《通知》），指出加强城市和建筑风貌管理，坚定文化自信，延续城市文脉，体现城市精神，展现时代风貌，彰显中国特色。《通知》也提出要探索建立城市总建筑师制度，明确其对城市风貌管控的重点内容，以及其对重要建设项目的设计方案的否决权。

4.2.4　地方法规与技术标准的拟定修订

依法治国是我国的"四个全面"战略布局之一，1984年国务院出台《城市规划条例》，1989年《城市规划法》颁布，2008年《中华人民共和国城乡规划法》实施，城乡规划领域已经形成了一系列法律、行政法规、部门规章、地方性法规、地方政府规章等，构成了规划领域的法律法规体系。而随着国土空间规划体系的建立，配套的相关法律法规体系也处于完善与修订过程中。

城市总规划师应结合地方实际，研读与国土空间规划相关的现行法律法规、部门规章，梳理地方性法规、地方政府规章、地方条例等，对"多规合一"改革过程中突破的现行法律法规条款，按程序报批，取得授权后实施修订。配合国土空间规划体系的编制实施以及相关规划设计特别是全域城市设计的编制，探讨拟定地方相关法规、条例、指南、导则等，并做好过渡时期的法律法规衔接，保障国土空间规划有效实施。

4.2.5　前沿课题与规划专题的研究组织

国土空间规划体系建立意味着我国正式进入了国土空间整体性治理的阶段，城市总规划师制度正是基于此意图以整体性的思维作为方法论和工作指引，以规划与治理相结合为工作方式，为政府、社会、市场整体性发展服务，在城市总规划师进行整体把控之前必须充分认知城市全域全空间要素、发展状态与条件，对城市规划相关课题进行研究、组织、编制等，同时也要做好城乡治理的决策咨询服务。

其中相关课题的研究组织工作应围绕两个方面进行，一是服务于城市规划、建设、管理的相关基础研究、前沿研究和专题专项研究工作；二是紧跟行业发展诉求，围绕高质量发展阶段的城市特征和问题进行研究，关注城市现代化治理的理念更新和技术创新。

4.2.6　近期建设与重点项目的技术审查

城市总设计师制度是为探索城市高质量发展路径而提出的创新模式，其进行城乡规划治理与管控的重要抓手就是近期建设规划与城市设计。近期建设规划作为国土空间总体规划深化、细化、不可或缺的重要组成部分，是总体规划发展阶段和近期开发建设时序的必须环节。传统的近期建设规划多以具体的"重大项目"建设为导向，弱化了规划的宏观调控作用，总师制度的建立可以有效地改善此种局面。立足于深刻的认知和对城乡国土空间的总体把控，在近期建设规划与专项研究的基础上，城市总规划师可以有效实现对重要项目规划设计的技术审查、风貌管控、决策审核等工作。

4.2.7 总体与重点地区城市设计的管控实施

在新型城镇化发展阶段，城市空间形态的科学谋划和整体把控是实现城市高质量发展、高品质建设的关键，往往通过总体和重点地区的城市设计来落实城市规划、指导建筑设计、塑造城市风貌，近20年城市设计在我国的城市规划建设中发挥了重要作用。相对于国土空间规划体系而言，城市设计主要是从平面空间的"一张蓝图"角度对整体城乡空间进行规划治理，是国家治理体系在城乡规划领域的深化和体现，也是国土空间总体规划和详细规划的具体落地实施与城市三维空间的高质量打造的实施技术和管理技术。

2015年7月，于天津召开的"高等学校城市设计教学研讨会"探讨了在城乡一级学科背景下，与规划各阶段相匹配的城市设计工作，并结合天津的城市设计管控实施，尝试探讨了城市设计的法律地位；2017年住房和城乡建设部颁布《城市管理办法》，为城市设计编制提供了初步的法定依据。城市总规划师的工作重点应是组织编制总体城市设计和重点地区城市设计，进行技术审查管控和决策审核，重在传导机制的建立和具体的管控实施，即通过重点地区城市设计、城市设计导则的管控实现对国土空间总体规划的传导落位，实现规划治理的有效性和管控实施的落地性。

4.2.8 重大项目的招商引资与协调建设

毋庸置疑，重大项目一直是推动城市发展的重要载体，具有投资额度大、建设强度高、工期紧张等特点，如重大产业项目、重大基础设施、重要形象工程、城市门户枢纽、重大公建配套等。城市总规划师应对事关民生生计、城市发展、生态环境、历史保护、风貌特色等有重大影响的建设项目进行规划设计的技术审查管控、决策审核，并加强实施与验收阶段的技术和风貌管控。同时要注重对重大建设项目的建设论证、区域经济影响和环境评价、社会稳定风险评估等工作，充分发挥专业核心领军人物和总规划师团队的专业技术能力，选择、协调建设投资单位的招商引资及融资工作。

4.3 城市总规划师制度的支撑体系

城市总规划师制度作为规划治理体系的创新实践，需建立团队制度、行政政策、技术支撑等一系列制度支撑体系，保障工作的正常进行。

4.3.1 团队构成与组织建设

城市总规划师团队构成应以专业核心领军人物为中心，高级专业技术人员为骨干，融合多学科、多专业、多领域人才，集合规划编制、规划管理、实施建设、项目策划等多类型，规划、建筑、景观、市政、交通、生态等多专业的综合团队。根据规划治理内容，城市总规划师团队明确职责分工，建立完善的机构编制，培育多梯队、多层次的专业团队，有明确的办公场所和完善的办公条件，形成一套高效率的指挥、议事、协调、落实的工作路径。

4.3.2 工作机制和边界处理

为实现高效治理和有效管控，需要制定一套高水准的法定制度，包括规划决策机制、专家论证机制、公众参与机制、技术审查机制、技术组织机制、技术总控机制、数据运维机制等工作机制，进行高起点规划、高标准建设、高水平管理、高效能运行。城市总规划师团队在本底研究、规划设计、行政决策、实施审批、建设预算、招投标、预警监管、验收决算等流程中起到组织、协调、把控等作用。另外，年度预决算、督查、绩效评估、奖惩等机制的建立也能够提高城市总规划师团队的工作效率。

城市总规划师团队在明确履职目标与任期的基础上，重点处理工作过程中与地方领导职能的边界、与国土空间规划部门职责的边界以及与建设部门设计师职责的边界；同时明确城市总规划师与地方规划管理部门在项目规划、评审、决策中的边界；协调国土空间规划体系的时序、内容及不同方案之间的平衡问题；协调处理本土研究设计单位与设计单位的关系。

4.3.3 行政和第三方团队支持

城市总规划师制度的建立和运行离不开党政部门的统筹组织与高度支持。城市总规划师在地方党委政府的直接领导下，获取地方党政机关和相关部门领导的高度重视、认同，打造党委政府主要领导，分管领导和四套班子领导、相关部门支持，高度重视并遵循科学规划设计规则的浓厚氛围。

为实现行政与技术管理"1+1"的实施路径，城市总规划师需要辅助行政部门形成由地方法规、规章、决策议事制度、技术评审制度等组成的一套技术管控制度支撑体系。由城市总规划师团队牵头，与合作伙伴、规划设计机构、建设投资集团等形成一套规划设计的技术支撑体系，不断吸纳高水平的国内外及本土的研究机构、规划设计机构等规划资源团队，运筹一批高质量的投资、中介、咨询、施工单位等建设资源团队。

4.4　城市总规划师制度的实施路径

4.4.1　"1+1"模式的行政管理路径

国土空间规划是可持续发展、平衡协调公共利益、引导空间发展的公共政策，城市总规划师制度的行政管理路径重点体现了规划治理的整体性、协调性、公平性和市场性特点，是推动和落实国土空间治理体系和治理能力现代化的关键。城市总规划师制度的行政管理路径，将规划实施与行政管理相融合，充分发挥城市总规划师的整体把控作用，为国土空间规划提供"横向到边、纵向到底"的管理服务支撑。

城市总规划师具有强烈的行政主导性，担当行政管理的重要角色，履行城市规划建设的行政管理职责。在宏观层面，配合各级政府，以总规划师团队的本底规划为根本依据，为全域国土空间、核心功能区、重点地区和街区地段等的规划建设提供行政决策支持，为政府决策提供规划依据和可实施性意见。在中观层面，协助自然资源规划管理部门，健全完善总体规划、详细规划、专项规划的把控机制，突出本底规划的重要作用，成为政府与部门之间自上而下指导和自下而上反馈的行政管理纽带，同时成为协调各部门主体管理职能与关系的枢纽，平衡各管理主体之间的关系，为有效组织编制、协调实施各类型空间规划提供行政管理支撑，从而强化各部门对全域国土空间的引导管控作用。在微观层面，协助自然资源规划部门对建设项目选址、规划、设计、建设实施与管理等提出意见与建议，为自然资源规划部门的项目分析与决策提供行政管理支撑。

城市总规划师在公共利益的平衡中也起到行政管理职能，从政府管理部门、规划编制机构、空间使用者等多主体角度权衡行政管理范围。作为国土空间规划的全生命周期参与者，城市总规划师在为政府提供行政决策、为管理部门提供规划设计意见、为规划编制机构提供规划设计要点、为空间使用者提供民主决策指南时重点体现其公平性和整体性，根据本底规划研究成果提供规范的、标准的、科学的行政管理意见，为提升国土空间治理有效性和现代化水平提供基础。

　　城市总规划师的行政管理是统筹和协调组织管理与规划编制、建设实施等国土空间规划内容的重要途径，通过理顺纵向的行政关系、横向的条块分工，明确各级政府部门有限的职能边界，各司其职，形成良性的、高效的、协同的行政管理运行机制，通过绩效评估、行为监管、行政考核等手段推进行政管理工作，为构建行政网络化的治理体系提供支撑。

4.4.2　"1+1"模式的技术管理路径

　　国土空间规划体系中多专业的技术支撑保证了规划治理的科学性和系统性，城市总规划师"1+1"模式的技术管理是核心内容，也是行政管理的技术支撑。技术管理主要包括技术研究、技术咨询、技术组织、技术评审、技术审查等方面内容，其实施路径重点体现国土空间治理的全局性和战略性、系统性和前瞻性、科学性和规范性。

　　（1）技术研究

　　技术研究是城市总规划师技术管理的基础，主要形式为本底规划，为提供行政决策建议、技术咨询意见、技术评审意见等提供依据，在宏观、中观、微观层面均有所涉及。宏观层面，国土空间规划、总体城市设计等的前期研究与关键问题分析是本底规划的首要任务，研究过程中需体现全局性谋划和战略性布局策略，结合本底资源特征提出宏观层面规划与设计的核心问题，明确国土空间发展的底线与刚性约束、分解城乡发展重大战略的技术任务，为规划编制、规划评审提供重要判断依据。中观层面，"一控规三导则"的本底规划是城市设计、城市风貌特色研究的母本，以总体规划为依据，对用地性质、开发强度、建设规模进行控制分析，对公共服务设施、道路交通设施、市政设施、绿地等的空间环境提出控制要求，并对各类设施的空间落位和形态提出具体要求，指明规划设计编制的技术方向，成为自上而下技术指导和自下而上实施反馈的枢纽。微观层面，通过地块、街区、项目等的建设条件、历史沿革、文化特色等本底规划，提出重点项目的城市设计指引与管控要求，重点统筹与协调城市风貌特色。

　　（2）技术咨询

　　技术咨询是扩大规划引领效能的有效手段，是城市总规划师团队市场化竞争所衍生的重要组成部分，具体形式可以包括组织方案征集、咨询报告提报、项目选址论证、技术业务培训等内容。城市总规划师的服务对象不仅是政府，还有社会和民众，针对不同服务对象的目标与需求，运用团队专业技术进行各类型项目的本底规划，提出项目规划与设计的关键问题，作为征集方案、撰写咨询报告、提出选址意见的重要依据，进而提高规划治理的科学性。

（3）技术组织

技术组织是规划高质量实施的重要支撑，也是城市总规划师团队重点工作内容之一。结合城市总规划师的行政职权与专业技术，受政府部门或开发商委托，组织各类型项目所涉及的甲方、乙方以及第三方人员进行讨论、研究、评审、决策等，并依据本底规划总体把控项目规划、设计与建设过程，保障各类型空间规划能够高质量落地实施。

（4）技术评审

技术评审是各级政府行政管理的前置条件，是体现城市总规划师技术水平与服务能力的关键，主要是对各类型项目的规划目标、规划价值、规划方案、创新性等方面进行技术评审。城市总规划师团队的本底研究是进行技术评审的重要依据，本底规划提出的规划设计要点是否落实、项目规划设计方案是否解决矛盾冲突、项目的创新性与前瞻性等内容是技术评审的重要内容。城市总规划师团队的技术评审结果是项目能否进入行政管理流程的重要依据。

（5）技术审查

技术审查是城市总规划师行政管理的重要抓手，是保证规划科学性和规范性的关键环节，是推进项目高效实施的重要环节，重点包括规划内容、规划成果、设计导则、规范条例等内容的技术审查。城市总规划师作为规委会的成员，对规划技术审查起到重要作用。另外，国土空间体系的法律法规与技术标准体系是城市总规划师进行技术审查的重要依据；城市总规划师团队有责任对法律法规与技术标准的制定提供专业意见，为编制高质量空间规划、实施高水平空间治理、提升高品质生活提供依据。

综上，城市总规划师制度的行政管理与技术管理密不可分，技术管理是行政管理的技术依据，行政管理为技术管理的实施平台。在进行全域全要素的本底规划研究基础上，城市总规划师明确规划底线与空间约束、分解规划任务、指明技术方向，平衡协调各类型规划、各层级主体，最终为国土空间治理提供决策依据。

4.5　城市总规划师制度的技术要素

城市总规划师制度与模式作为国家治理体系创新与治理现代化能力提升的组成部分，是规划技术决策的核心，有着极强的技术属性、管理属性和行政属性，三个属性之中，技术属性是城市总规划师进行规划技术决策、加强规划管理、实施行政功能的基础和重中之重。其技术要素可以分成4个技术要点，分别是"研究、谋划、管控、实施"，从这4个技术要点出发进行分解，形成城市总规划师的主要工作内容和重点，进行城市资源的深入挖掘、城市战略的科学明晰、城市亮点的高质量呈现和城市价值的有效提升。

4.5.1　研究城市的资源要素，挖掘生态本底与历史文脉

对城市资源要素的深入研究，对城市各项资源进行深度把脉、调研分析和梳理，主要可归纳为4个方面内容。

（1）明确其所处的大区域格局，深入研究国家相关战略、新的时代背景和发展趋势下对城市所处大区域格局的影响和新要求；明确在国家战略和区域大格局下城市发展的新诉求和对接、利用的方向、空间及对功能定位的要求。

（2）研究城市本体的城市发展历程、建城历史与沿革、空间发展历程与空间发展特征，明确全市域的格局特色，串联全域生态、文化、城乡建设空间等全要素，为下一步空间发展战略结构和方向提供研究的指引和科学的论证。

（3）研究城市的生态本底，对城市生长、发育、成长于其中的生态本底进行深入挖掘整理并进行问题的凝练，生态环境、生态史镜、生态现状对于城市未来发展起着至关重要的限制与引领作用，明确城市生长的生境基因、特色单元、湖泊山林等有机交织的生态格局机理，研究相互之间的影响关系与作用机制。

（4）研究全市域的史境，进行文脉梳理。采用年谱断代方法，梳理全域历史的发展脉络；借用地理计量方法与空间大数据分析方法，构建文化遗产的时空大数据库；采用类型学的研究方法和视角，解析城市全域空间形态形成的文化基因、文化特征并进行文脉发展延续的问题梳理与凝练；提升凝练文脉传承可感知、可识别的重要空间节点和类型节点；对乡村聚落进行分析与研究，能够从整体聚落空间、街巷线性机理、公共节事空间进行空间基因特征的深入研究和分类。

4.5.2　研究城市发展战略，进行战略谋划和科学明晰

城市总规划师在城乡规划整体性编制、管理实施中具有全面把控与决策的核心作用，具有对规划引领的思想统一、方法统一、目标统一的灵魂作用，通过技术指导与把控的全过程贯穿，弥补地方政府规划治理水平的差距，特别是对战略发展目标与城市空间布局的全局谋划和科学把控。

以促进城市发展为目标，发挥城市总规划师团队的技术力量与智库，全局思考、顶层谋划，实现对城市发展优势的全面发挥，制定和谋划城市发展战略，对接大区域格局、对接国家顶层设计、对接国家重要战略指引。

以空间有序发展和高质量发展为目标，进行各项资源、产业、用地的有效部署，锚定空间发展格局；更要深入对接城市所处的大区域发展格局，谋划铸造时空紧密联系的区域发展骨架，借力区域资源、融入大区域发展格局；结合城市发展阶段、资源状况、区域格局等，架构产业联动体系与空间，力争推动全域产城高质量融合发展；在城市总体空间布局上，打造"市域中心—地区中心—片区中心"三级城镇体系，在全域统筹的前提下，通过各级中心的集聚效应形成合力，推动全域、特别是中心城区的能级提升，聚焦发展。

以战略布局为核心，形成多专项系统支撑统筹，形成可持续、可衔接、可落地的发展态势与格局，重点从交通与土地利用结构、公共服务设施系统入手。

交通与土地利用结构作为城乡规划要的传统领域和解决的问题，应深度挖掘问题、对接大区域交通规划、梳理内部交通路网，通过交通系统的整体性构建，补足全域公共交通网络建设的短板。通过交通骨架的联网分级构建，增强要素流动，强化城市整体能级。

与空间结构对应，强化公共服务设施的建设力度、短板补足以及系统分级，实现整体统筹、分级构建、有序提升、补足短板，全域通过构建"区域公共中心—地区公共中心—片区公共中心"三级系统，实现中心城区和村镇区域的均衡覆盖，完成"15分钟—10分钟—5分钟"生活圈的建设，形成能级聚力，打造高质量的全域公共服务体系。

4.5.3　明确精细化管控流程，实现城市发展的高质量呈现

城市总规划师的所有技术理念、战略格局的顶层谋划、空间布局的全局规划都需要通过具体、有效的管控管理才能落地，继而实施和发挥城市总规划师的作用，达到规划治理创新的目的；应以落实规划为目标，制定精细管控的技

术措施与管理方法，完善精细管控的体制机制。

　　精细化管控需要制定合理、切实可行的工作流程、要点，有所为有所不为，才能协调解决各个部门、各专项规划、各重点领域与关键节点的关系，实现精细化管控目的，达到城乡有效治理和规划落地实施。城市总规划师应以国土空间总体规划和全域总体城市设计为抓手，对城市空间形态、建筑风貌特色、核心节点工程、蓝绿空间网络等方面进行精细管控；面对全球生态环境的恶化与我国碳中和、碳减排的目标与承诺，应该加强对城市水网机理、生态空间、山体的管控，制定严格的管控原则和标准，强化城市品质。

4.5.4　通过明确抓手和精细把控，保障规划的落地实施和城市价值的提升

　　规划的落地实施需要在精细管控的基础上，明确核心抓手，以高质量建成效果为核心、多专项整合为手段、全过程把控为工作内容，保障规划的落地性，提升城市价值和环境品质，最终实现"人民城市为人民"。

　　高质量的实施必须在全面战略谋划和系统规划的前提下，进行"年度项目库"和"近期建设项目库"的精准部署，安排城市建设的年度工作重点任务、近期建设重点项目，并列出时间节点与核验标准，保质保量落地实施与完成；以总规划师整体性实施方法为指导，对重点片区、重点项目进行技术把控与跟进。

　　在明确重点和抓住、抓稳近期建设项目的基础上，以不忘初心为理念，也要系统谋划"百年百项"或者长期发展的重点项目与工程，抓民生、促保障，通过总规划师模式和团队的总控制度与方法保障长期效应，推进规划落地实施，最终实现生态文明、城乡融合、产业兴旺、文化传承、区域统筹和人民幸福的终极目标。

下篇

嘉兴实践篇

第 5 章

溯源
—————
脉络梳理 | 嘉兴城市发展

嘉兴历史悠久，有7000年的人类文明史，2500年的文字记载史。自公元231年（三国黄龙三年），子城就已修建，唐朝末年加筑罗城，形成子城居中、子罗双城、府县同城的格局，并沿着古城轴线不断生长演变，发展至今已有近1800年的建城史。1921年，中国共产党第一次代表大会于嘉兴南湖举行，2011年，经国务院同意，嘉兴被增补为国家级历史文化名城，形成九水归心的古城、水城、禾城、红城的现代"融城"格局。

5.1　嘉兴行政建制历程

嘉兴自春秋建城肇始，梳理其行政建制变革历程，由最初的军事据点，历经春秋城邑，始皇设县，黄龙建城、子城始建，发展至隋唐宋升县为州、加筑罗城，形成子罗双城的格局；元明清鼎盛发展，设立府城、一府双县，形成府县同城的格局；中华人民共和国成立之后嘉兴市成为浙北门户，重要的地级市和国家级历史文化名城，也是长三角一体化的重要"枢城"。

5.1.1　春秋战国——兵戎之所，长水槜李

距今7000年前，嘉兴就有人类从事农、渔、猎、牧活动，有原始的人类聚落的存在，先后历经马家浜文化、崧泽文化、良渚文化等新石器时期。春秋战国时期战事频繁，嘉兴地处吴越边境，境内哨所林立，军事性质的小城堡大量出现，用以屯兵驻守，开始建设城邑。史书记载有"吴越八城"和"吴越四城"之说，南宋张尧同在《嘉禾百咏》记述"吴越争雄日，区区在用兵，空余争战地，无处不高城"，点明这些城邑的原始军事据点或者哨所属性，是吴越两国争战的产物。

众多城邑中，长水畔的槜李城规模较大，故春秋吴越嘉兴有槜李之称。《水经注》载"浙江又东经柴辟南，旧吴越战地，备侯于此，故谓之辟塞"；《吴地记》载"长水城即吴柴辟亭，故就李乡槜李之地，又辟塞渡也"。可以推导出槜李城由最初名为辟塞的军事据点发展而来。春秋战国时期，吴越两国在嘉兴分界，在槜李城的主要战役有7次之多。

5.1.2　秦始设县——会稽由拳，县治槜李

公元前222年，秦国灭楚后实行郡县制，设会稽郡（郡治在今苏州），嘉兴隶属其中，设县由拳，是嘉兴行政建置之始；另有一说法，先有公元前周敬王

的长水之名，秦改为由拳。秦代由拳县的管辖范畴远大于今日之嘉兴，县治为槜李城，秦代槜李城位置难以实指，多数古籍推测其应在硖石附近。

汉朝因袭秦时建置，嘉兴（老城区域）仍属由拳县，并逐渐发展为一个人口众多的大聚落。

5.1.3　三国两晋——子城兴建，嘉禾嘉兴

东汉末年，三国鼎立，东吴孙权因嘉禾墩"野稻自生"，认为祥瑞，改由拳县为禾兴县，后为避讳，改禾兴县为嘉兴县，为嘉兴之名之始也，孙权令在嘉兴运河之畔"野稻自生"之地掘地起城，即今子城，故嘉兴亦有禾城之称。这标志着由拳县治已由槜李城所在的硖石迁徙到现在的嘉兴子城，是嘉兴从由拳时代转变到嘉禾时代的标志与象征，也是嘉兴正式筑城之始。

现存文献均记载三国吴黄龙年间修筑嘉兴子城，即为当时新建的嘉兴县城，史载吴令郡县"修城郭，起谯楼，掘深池大堑"，之后子城成为历朝历代县、州、路、府的衙署所在。此间嘉兴尚未建大城（罗城），但是随着经济的发展，特别是南北朝时期的人口大迁徙，嘉兴城池内外及河岸四周人口不断增多，城市规模不断增大，商业繁华，城市发展早已跨越子城城墙。

5.1.4　隋唐五代——加筑罗城，设置秀州

隋唐之初，嘉兴以及海盐曾一度并入吴县，但不久即恢复建制，嘉兴县城延续了6个多世纪，隋唐江南大运河的开通，对嘉兴城市的发展起到了历史性的促进和影响，嘉兴因河而兴，政治、经济地位越升，人口规模增加，地域范围扩大。唐末曹信、曹珪被令以原嘉兴城池（子城）为核心修筑大城，称为"罗城"，原嘉兴城池称为"子城"，子城被围在中心，子罗双城城中城的格局延续至今。后唐同光二年（公元924年），在嘉兴设立开元府，嘉兴首次由县升为州府建置，虽仅存7年；后晋嘉兴县被报升为秀州，设嘉兴、海盐、华亭、崇德4县，成为吴越国11州之一，成为州府级的地方行政建置。

5.1.5　宋元时期——州升府路，极衰极盛

北宋时期，运河事关国运昌盛，嘉兴作为漕粮基地与水运枢纽，城市规模发展迅速，经济繁荣、贸易兴盛；南宋时期，嘉兴成为畿辅之地，城市迅猛发展，大批人口南迁而定居嘉兴，庆元元年（1195年）嘉兴升为嘉兴府，管辖嘉兴、华亭、崇德、海盐4县；南宋嘉定元年（1208年）又赐嘉兴称军，节制

水陆军事，南宋末年，嘉兴已成为江东大都会。

元平定江南后，推行民族歧视，至元十三年（1276年），嘉兴罗城被夷为平地，后于明代复建；随着元大都定都北京，江浙漕运以海运为主，嘉兴作为转运枢纽，海漕粮食大为增加；后随着京杭大运河的全线贯通，嘉兴河运枢纽地位更加突出，元升嘉兴府为嘉兴路，辖嘉兴、崇德、海盐3县与松江府，全路有45.9万余户。

5.1.6 明清时期——府七县，府县同城

朱元璋改嘉兴路为嘉兴府。明初嘉兴府仅有嘉兴、海盐、崇德3县，明宣德五年（1430年）嘉兴分县，嘉兴县西北境为秀水县、东北部为嘉善县；分海盐县东北部为平湖县，分崇德县东北部为桐乡县，自此形成嘉兴府一府七县的格局，嘉兴府领嘉兴、秀水、嘉善、海盐、平湖、崇德、桐乡七县，这种行政区划和府县建置一直延续至清末。明代分县后，嘉兴、秀水二县县治同在嘉兴府城内，形成一府二县、府县同城的局面，清嘉庆年间嘉兴府人口达280.5万。

5.1.7 民国时期——撤府设县，剧烈动荡

武昌起义之后，嘉兴进入新的历史时期，改变行政体制、推行民国政令，嘉兴府被废撤，修水县并入嘉兴县，改成嘉禾县。嘉兴罗城实难满足经济交通发展需要，进行了一些城市改造，拆城修桥筑路。抗日战争期间，城市遭受了严重破坏，嘉兴城市彻底由"江南都会"沦为"县城"。

5.1.8 中华人民共和国成立之后——县市撤并，新嘉兴形成

1949年，嘉兴县解放，分设嘉兴县、嘉兴市；其后直到1981年，县、市撤销合并变动频繁；1981年撤销嘉兴县，改为嘉兴市建制，由嘉兴地区代管；1982年嘉兴历史上第一个城市总体规划开始编制；1983年国务院决定撤销嘉兴地区行政公署，分设嘉兴市、湖州市，原嘉兴地级市改为省辖市，奠定了嘉兴市五县两区的总体格局，将原嘉兴县分为城区和郊区两部分，嘉兴市撤地建市对嘉兴城市规划、管理和建设产生了巨大的影响。目前，嘉兴市为国家历史文化名城、浙江省地级市，下辖两区两县和3个县级市。

5.2 嘉兴历史建设格局

嘉兴建城历史悠久，自春秋时期的兵戎哨所到三国孙权修建子城、唐末加建罗城，形成子罗双城的城市格局；元代罗城遭损毁，于明代得以重修，其规模格局基本未变，直至中华人民共和国成立，嘉兴城市开始了新的建设篇章。

5.2.1 吴越城邑，檇李为最

嘉兴新石器文化时期形成的众多聚落点在春秋战国时期成为著名的城邑，多为军事哨所驻兵囤粮之地，吴越两国争战过程中有"吴越八城"和"吴越四城"之说，而嘉兴市域内众多的城邑之中，属处于长水畔的檇李城规模最大。《至元嘉禾志》曰"檇李，即今嘉兴也，旧有檇李城"，其由一个名为辟塞的军事据点发展而成，据元至元《至元嘉禾志》载"檇李城，位于当时嘉兴城西南四十五里处，城高二丈，厚一丈五尺"，据此檇李应是一座规模不小的军事城池。

5.2.2 秦时由拳，县域广阔

檇李作为春秋战国时期吴越两国争夺焦点，战国时期划入楚国，秦始皇统一中国后，实行郡县制，在吴越之地设置会稽郡（郡治苏州），下设由拳县，县治位于檇李，当时由拳县域范畴不仅包括今天嘉兴的南湖、秀州、海宁、桐乡、嘉善等，更包括上海的部分区域，所以众多专家认证檇李应在今硖石、嘉兴一带。宋《太平寰宇记》记载"由拳城在今县城南五里"，结合《至元嘉禾志》关于檇李的地理位置的描述，基本可以确定其大概的地望。

5.2.3 千年嘉兴，悠悠子城

在我国封建时期的建城史中，一般的府州级城市，会形成子城、罗城之形制，子城大多位于罗城之中，形成"城中之城"。

嘉兴子城是城市历史发展的见证，长期作为嘉兴政治与军事中心，演变脉络清晰，留存有上至战国、下至民国的大量历史遗存，有国内罕见、保存完好的州府子城衙署遗址，清晰地揭示出中国古代地方城市子城的格局与形制、城市发展演变、古代与现代的关系，对研究中国古代城市制度、政治史、行政建制史等具有重要意义。

据《至元嘉禾志》记载，嘉兴子城（小城）规模为"城周二里十步，高一丈二尺，厚一丈二尺"，整体占地约7.5万平方米。子城谯楼为正门（宋时可能为双门道），四周围绕城壕，整个衙署为轴对称布局，遵循前朝后寝、左文右武的布局思想。进入谯楼，中轴线依次为甬道、仪门、戒石亭、设厅、便厅、守宅、花园，东西两侧分列其他官署机构、仓库廨舍，是一座规制严备的衙署建筑群；护城河主要由东南侧人工开凿部分和原始水系整理而成，子城外运河河面宽约30米。

嘉兴子城的规模仅可以实现人口、治安等行政管理需要，所以子城历来是县治、州、府、路的衙署或军治场所，老百姓则主要围绕城池四周及河岸聚集而居。三国至唐朝的600多年，京南社会相对安定、经济持续发展，嘉兴人口增加，城市规模扩大，商业繁荣、酒店林立，再加上南北朝时期的第一次人口大迁徙，使得嘉兴城池周边及河流两岸民众聚集越来越多，城市的发展远远超越了子城的发展范畴。

宋代嘉兴子城、罗城均有修建，元初罗城毁于诏令而子城见存。明清时期，子城内除府治核心建筑外，其他官吏衙署逐步外迁，城墙废弃，子城形制、功用逐渐衰退。明弘治《嘉兴府志》中已称子城墙为"府治墙"，嘉靖《嘉兴府图记》载子城上楼台亭宇多已不存；清咸丰十年（1860年），太平天国忠王李秀成部署陈炳文等攻占嘉兴，并于子城内营建听王府；同治三年（1864年），太平军败退子城复为清朝府衙，光绪二十八年（1902年），府衙失火，建筑焚毁严重，光绪三十四年（1908年）重修。

民国时期，1913年浙江都督拆子城前三进房屋，于旧址上建造浙军第二十一团营房；1937年西大营毁于日军炮火；1938年敌伪于子城内建"绥靖司令部营房"；1946年蒋经国在子城内建"国防部预备干部局特设嘉兴青年职业训练班"。

中华人民共和国成立至今，子城先后为陆军乐园、中国人民解放军九七医院、一三医院、浙江省荣誉复员军人疗养院、嘉兴电视台等，如今开辟为子城遗址公园，得以保护更新。嘉兴子城遗址历史文化价值突出，地理位置优越，位于目前嘉兴城区中心地带，周边业态丰富、设施配套齐全、发展基础良好，具有极大的更新升级潜力。

5.2.4　子罗双城，格局呈现

嘉兴先建子城，后筑罗城，自有县制建制以来，子城一直是地方权力中心（衙署）所在，城市发展也以此为中心，向四周扩展。随着城市人口规模增加，加上江南运河的修建，嘉兴原有城市格局早已无法满足城市快速发展的需要，唐光启三年（公元887年）钱谬作为杭州刺史，次年令其亲校、制置史阮结在嘉兴小城外围加筑城池，并调曹信具体督办筑城，可见"唐乾宁中曹信筑"和"唐文德元年阮结筑"两种记载并不冲突。曹信父子以原嘉兴城池为核心修筑大城，原嘉兴城被称为子城，新加筑的大城称为罗城，即"先有子城，后有罗城"。罗城建成后，子城依然为嘉兴历代府治所在，虽经历代修缮，但城中城的格局和机理延续至今，这也是嘉兴作为历史文化名城的重要原因和内涵所在。

唐末罗城历时八年才筑成城垣，周围一十二里，高二丈二尺，厚一丈五尺，并开凿护城河，与运河相通，嘉兴运河也因此由环绕子城变为环绕罗城，原子城外的运河成为城内的市河，因罗城修筑改道后的运河基本走向和格局也一直延续至今，罗城曾于元代初拆毁，明代重建，但基本格局与规模未变。

嘉兴地处江南，其城市布局既有中国传统的文化风格，又有不同于北方城市的地方特征。嘉兴的子罗双城建制外圆内方，子城内以衙署为中心，坐北朝南，街道整齐，布局呈"回"字形，遵循中国古代传统礼制的思想。由于嘉兴地处泽国，河流密布，无法像北方平原城市那样营造方形的城壕，故嘉兴城的罗城城墙随河流走向大致呈椭圆形。嘉兴城内外水系贯通，城外有大运河环绕，嘉兴罗城成为8条河流的汇合之处，为今日"九水连心"格局奠定了基础；城内更有大小河道30余条，城内的大小河道与城外的8条主要水系贯通，与大运河相连通，南湖水因此成为经年不竭的水源。水网将城市分割为大小不等的单元，嘉兴城即以此为骨架进行规划建设，城市格局保留至今。

唐末修筑的嘉兴罗城有4座城门，由于门上有鸟兽人物石刻藏于墙内，西门有凤凰石刻，古嘉兴又有"凤凰城"之称。《至元嘉禾志》记载"罗城原有四门，东门旧曰青龙，后改为清波；西门旧曰永安，后改为通越；南门旧曰广济，后改为澄海；北门旧曰望京，后改为望云，续又改为望吴"，四门又各有水旱城门。

从唐乾宁二年（公元895年）嘉兴罗城到后晋天福五年（公元940年）秀州建立，嘉兴城市建设发展迅速，"七塔八寺"大多修建于此时期；而驰名中外的南湖烟雨楼也始建于秀州建置之时，但"烟雨楼"之名始见于南宋时期，也几经易主几经兴废，直到明嘉靖二十八年（1549年），嘉兴知府赵瀛在湖心岛建烟雨楼，奠定其格局。

5.2.5　双城充实，轴线初显

五代至两宋年间，嘉兴因运河而盛，北宋末年嘉兴人口达到20万，推动城市建设格局的进一步发展。原子城运河成为市河后，河道变窄，东西向运河北侧被称作大市上官街，后改称集街，南北向河道东侧为北大街，嘉兴形成了以子城（州府衙署）为中心点，集街为东西横轴、北大街为南北纵轴的规划结构，集街上集中了大量的商业市肆，即为现在中山路的前身，整个城市布局有序，形成东西南北4个功能区域。行政机构分布在子城左右两侧，西南部主要布局军事机构、仓廪等，西北部多佛寺建筑，东北部多为达官贵人的私宅园邸，整个城市结构以封闭内向为主，主要体现政治军事职能。

北宋时期的嘉兴城是一座美丽的水城，城市内亭台楼阁风景名胜众多，集街以南的子城内是秀州衙署，有众多楼台建筑；城东北部有天星湖，西北部为月波楼；城外寺庙林立，西南角的西南湖（鸳鸯湖）是当时著名的名胜之地。

南宋嘉兴成为畿辅之地，随着宋室南度，人口南迁，经济繁荣，逐渐成为浙北平原的经济活动中心和商业中心，成为南宋的"江东大都会"，城内已有不同的专业街市分工，商业、服务娱乐业不断发展。宋末元初，嘉兴街坊有70余处、桥梁七八十座，城市进一步向城墙外发展，从南门外到南湖边，再延续到南堰，是绵亘数里的商业区；居民区也逐渐移向城外，西南湖一带成为园林和住宅区。

5.2.6　罗城被拆，东侧发展

南宋灭亡，嘉兴畿辅之地与龙兴之地的地位丧失，蒙古军占领嘉兴后下令拆除城池，元至元十三年（1276年），嘉兴罗城城墙连同4个城楼均被拆除，存在300多年的罗城拆除，嘉兴城再次回到三国时代修建的子城状态，明弘治《嘉兴府志》载："至元十三年，罗城遂平，门口惧废，惟子城建存"。元至正十六年（1356年）开始重建嘉兴罗城，直到元灭亡一直未完成嘉兴罗城复建工作。

后随着嘉兴海运、漕运地位的上升与精耕细作技术的推广，京杭大运河全线贯通，嘉兴的交通运输地位再次提升，元升嘉兴府为嘉兴路，城市规模进一步拓展，东门外为主要的城市发展区域。

5.2.7　重建罗城，府县同城

明代朱元璋改嘉兴路为嘉兴府，明初嘉兴府仅有嘉兴、海盐、崇德3县；明宣德五年（1430年）嘉兴府进行分县，成为一府七县，其中嘉兴与秀水县治同在嘉兴府城内，形成一府二县同城驻地的格局。明朝建立后，嘉兴府两任太守（1368~1398年）继续修筑城垣，元末直至明洪武年间竣工，持续近40年终于完成嘉兴罗城重建。城垣周长由一十二里减少到九里十三步，城墙高二丈二尺，厚一丈五尺，护城河绕城一周，宽二十二丈，深一丈二尺。元末初建设置四门，每门各设水、旱城门一座，四门分别为春波、通越、澄海、望吴；明洪武年间建成时，又增设四门，并配置月城、门口和吊桥。明代完成的嘉兴罗城城墙直到20世纪20年代，矗立了近600年，于民国16年（1927年）被拆除，拆除时测罗城周围长18555.5尺，合9.8市里，即5750米；城墙上设有敌楼25座，垛口3415个。

明代对嘉兴水系进行通浚整治，完善内城水系，四周环城河贯通城外8条主要河流，自南门、西门引流入城，以州府衙署（子城）为中心，至北门和东门流出；城内30多条大小河道纵横交错，街区多依河而建成矩形，伴随商品经济的繁荣，嘉兴开始修建园林，城内外众多私家宅院兴起。

5.2.8 康乾复苏，南拓东进

明清鼎革之际，嘉兴受到破坏；清康乾时期，嘉兴城市逐步繁荣，商业区和住宅区向城市南部、东南部和东部扩张，城内外形成了二十四坊三十七巷，其中九坊位于城墙之外，用里街、南堰、凌塘桥一带出现大片住宅区和园林，形成新的街坊。嘉兴城北主要为鱼行街的农贸区，游览区则由西南湖移至南湖一带，商业区自城南扩展至东门外宣公桥、用里街、清河街一带。至太平天国前，嘉兴市城墙外的东部和东南部已成为全市经济文化精华所在。

5.2.9 清末劫难，逐步修复

清朝末年，太平军拆妖庙、毁神像使嘉兴的文化遭到摧残，在清军与太平军交战过程中，嘉兴城墙受到破坏，城乡面貌受到毁灭性的冲击。

太平天国革命后，嘉兴开始进行城市修复和建设。同治三年（1864年）北门城垣被修复，兴建嘉秀育婴堂；同治四年（1865年）南门层楼重建；次年修建大西门和小西门以及南门月城；同治九年（1870年），修整南湖里的建筑，新建八咏亭。光绪十五年（1889年）前后，重建寺庙，城外北部塘湾街、中街一线商业兴起，月河、坛弄一带居民住宅增加，逐步发展成繁华的商住混合区。

清末以嘉兴府衙为中心构成城市轴线。自东门向小西门一线依次为嘉兴县衙、嘉兴县学、嘉兴府衙、集街、内教场、孔子庙（嘉兴府学）、秀水县衙，自南门至北门依次为南门大街、府衙、大落北和北门大街，这两条轴线上坐落着官署、学校、商业街市，是嘉兴城内的繁华所在。

5.2.10 城市改造，老城厢格局形成

民国期间，因嘉兴罗城难以适应经济和交通的快速发展，城市改造被提上议程。1921年东门外建设嘉兴火车站，1923年初成立增辟城门工程事务所，开始筹划嘉兴历史上第一次旧城改造，拆城筑路、增设城门，主要包括新北门工程和新东门工程。此次旧城改造历时一年，拆除一部分城墙，搬迁20余户店铺，修筑一条长约70米的马路。民国15年（1926年），嘉兴建造了第一座钢筋混凝土桥梁。

1927年嘉兴迎来了真正大规模的旧城改造，组成了拆城筑路委员会，进行测量工作，完成了第一期拆城筑路计划和设计，1928年1月拆城筑路工程全面实施，当年基本完竣，拆除了旧城城垣，建成了环城马路；1929年改建了宣公桥，在今南湖大饭店处修建了一座公园，初步形成了嘉兴老城厢的格局，这个格局一直延续到20世纪80年代。

此后嘉兴城市建设步伐放缓，在全面抗日战争爆发之前主要建成了一些重大基础设施，如苏嘉公路、苏嘉铁路以及位于城西南的军用机场；抗日战争期间，城市遭到严重破坏，城市发展停滞不前，曾经的"江东都会"沦落为一个县城。

5.3 历版总规下持续完善的现代建设格局

1949年5月嘉兴市解放，城市建设逐步开始，1949～1978年，嘉兴的城市规划建设工作主要集中在道路交通、排水给水、公园绿地、城市广场等基础设施建设上。

自1982年起，嘉兴共组织编制和修编5次城市总体规划，包括正在进行的《嘉兴市国土空间规划（2020～2035年）》，经历了从"风扇型拓展"格局向"东进西拓北控南移""水都绿城""协同紧凑""九水连心"格局的演变。

5.3.1 "三翼风扇型"的城市空间格局

1982年，北京大学与嘉兴市建设局共同编制完成第一版《嘉兴城市总体规划（1980～2000年）》，1985年经浙江省人民政府审查批准（图5-1）。在

图5-1　《嘉兴城市总体规划》（1982年，第一版）

图片来源：图5-1～图5-9均引自http://zrzyhghj.jiaxing.gov.cn/art/2020/7/29/art_1229240437_1966737.html（嘉兴市自然资源和规划局公布文件）

第一版城市总体规划实施期间，1983年设立嘉兴、湖州两个省辖市，规划建设各种基础设施，包括沪杭铁路复线嘉兴立交桥、中山西路桥、中山路等重点工程，加快了市城区基础设施建设，城市规模迅速扩展，城市功能全面提升。至1990年，嘉兴市建成区面积19.8平方公里，较1978年扩大一倍，居住人口16.89万人，比1978年增加59.1%，成为太湖流域的重要城市之一。

1992年，嘉兴市政府委托同济大学对第一版城市总体规划进行修编，并提出远景规划方案，构建了三翼扩展的"风扇形"格局，城市建设用地以旧城为核心，向北、西沿干道两侧发展，分别在东南、西北等方向保留风通道，以期有效缓解城区的热岛效应，保证空气质量。在城市建设过程中，道路拓宽，城市标志性建筑、商业街区逐步建设，中山路街区逐渐成为嘉兴市政治、商业、文化娱乐中心。

5.3.2　"东进西拓、北控南移"的城市拓展格局

1994年，嘉兴市组织修编第二版《嘉兴城市总体规划（1994～2020年）》，提出城市性质为"嘉兴市域的政治、经济、文化中心，浙北的主要交通枢纽，长江三角洲南翼重要的工贸城市"，同时革命性地将城市的发展战略

图5-2 《嘉兴城市总体规划》(1994年,第二版)

调整为"东进西拓、北控南移、中间完善",筹划由"中山路时代"迈向"南湖时代"。1997年建设部核准嘉兴城市人口规模与用地规模,浙江省人民政府正式批准《嘉兴城市总体规划(1994~2020年)》(图5-2)。

两版城市总体规划对嘉兴的城市发展具有深远影响,基本形成嘉兴组团式发展的城市格局,构建了方格网加放射状的城市路网格局,明确嘉兴生态绿地体系,维持三大楔形绿带的基本格局。20世纪90年代末,嘉兴市区建成区面积增加到40平方公里,市区的棚户区逐步改造为城市绿地,建设环城河绿化带,城市绿地率、绿化覆盖率和人均公共绿地指标增加,城市景观风貌初步形成。但是这两版城市总体规划在建设实施过程中也产生了一些问题,工业与居住等组团的功能穿插,组团结构不清晰;道路网与水网并未形成有机关联,从而造成城市建设与水环境不协调的状况;城市公共设施与基础设施的布局结构也不尽合理。

5.3.3 "水都绿城"的城市建设格局

进入21世纪,嘉兴市行政区划大规模调整,形成下辖7个街道、5个镇的行政建制格局,市政府开始第三轮《嘉兴市城市总体规划(2003~2020年)》

的编制工作，提出建设现代化网络型大城市的战略构想，将市区968平方公里纳入规划区的范围，突出嘉兴中心城市建设和发展的地位和作用；遵循可持续发展的理念，以有序、集约、灵活、开敞为原则，提出城乡一体化、现代江南水城的发展战略，积极推进主城区特别是嘉禾新城的建设，规划"内生双核、显嘉禾秀水；外织三片，塑水都绿城"的空间结构，建构"一心双核、两副两轴、三片三楔"的空间格局（图5-3~图5-6）。

2003年8月《嘉兴市城市总体规划（2003~2020年）》审批通过，嘉兴市依托南湖自然景观，"东进南移"，构建现代化网络型大城市，通过嘉兴大桥、南湖大桥将嘉兴老城区与南湖区连成一片，推动南湖西南区域的嘉兴市行政中心、南湖市民广场、嘉兴报业中心、嘉兴文化中心（大剧院、博物馆、图书馆、群众艺术馆组成）等大型公共设施的建设，确立东南副中心成为嘉兴城市的主要发展方向。

在城市风貌建设方面，围绕水系、园林、文化为一体的水都绿城发展定位，建设南湖风景名胜区、南湖会景园、西南湖生态绿洲、南湖渔村等一批城市景观，形成以环城河、外环河、中环路为纽带的绿地系统，2005年嘉兴进入国家园林城市行列。在文化建设方面，南湖革命纪念馆新馆的建设成为全国红色旅游景区基础设施建设重点项目。在产业建设方面，省级开发区嘉兴工业园融合了通信电子、汽车配件、机械电器、现代生活物流、综合配套、高效农业等功能，吸引了200多家企业落户，成为嘉兴市发展先进制造业的重点区域；同时积极探索自主创新的新路径，建设嘉兴科技城，吸引清华大学、中国科学院共建应用技术研究和成果转化平台，成为嘉兴乃至浙江省科技创新的副中心核心区。到2010年，进入南湖新时代的嘉兴市区建成区面积85.11平方公里，市区人口超过80万人。

5.3.4　"协同紧凑"的城市网络格局

2010年，嘉兴市按照统筹城乡综合配套改革和构建"1640"网络型大城市的要求（1个中心城市、6个副中心城市、40个新市镇），加强市域规划统筹，并启动《嘉兴市城市总体规划（2003~2020年）》修编工作，2017年国务院原则同意嘉兴市城市总体规划修订版。这一修订版总体规划确定城市性质转变为"国家历史文化名城，具有江南水乡特色的旅游城市"，更加强调了文化、接轨上海、城市全域旅游等内容。不仅明确了发展目标，留出发展空间，优化空间布局和要素配置，突出嘉兴本底特色，更加注重生态保护、历史文化保护和

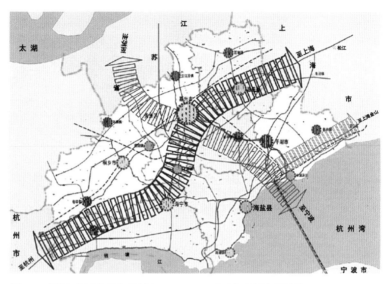

图5-3 《嘉兴市城市总体规划（2003～2020年）》市域空间结构

图5-4 《嘉兴市城市总体规划（2003～2020年）》市区土地利用布局

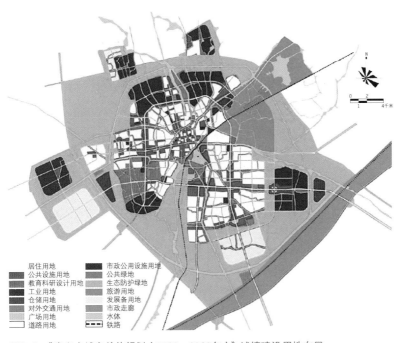

图5-5 《嘉兴市城市总体规划（2003～2020年）》城镇建设用地布局

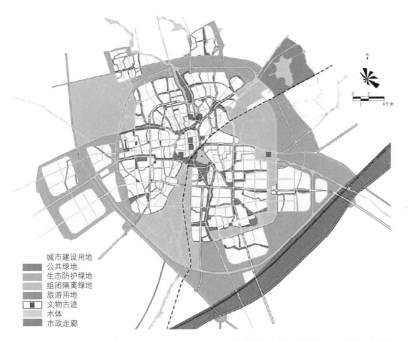

图5-6 《嘉兴市城市总体规划（2003～2020年）》绿地系统布局（八大水系、环城河绿化、三条绿楔）

城乡统筹等内容，增强总规的指导作用，突出规划对城市转型升级的引领作用，强化国家历史文化名城的保护策略，规划"环形+放射"的路网结构，加强区域交通设施建设，积极融入长三角地区，建立产业协同、功能协同和设施共享的区域协同发展格局。城市总体规划中也明确了重大基础设施布局，建设机场、海港、城际轨道，如沪杭城际铁路、沪乍杭铁路等区域性交通设施，规划市区"一环七射"快速路、BRT等交通设施。规划构建了"一主、六副、三带、三区"的城乡空间结构，重点发展科技创新、旅游休闲、物流商贸、先进制造等区域性中心职能，调整中心城区规划范围为257平方公里，将秀洲新区、余新高铁南站融入中心城区范围，进一步构建现代化网络型大城市（图5-7~图5-9）。

5.4　嘉兴生态格局

嘉兴市地处长三角中心腹地，为浙江省的唯一平原城市，处于江、海、湖、河交会处，陆域面积3915平方公里，海域面积4650平方公里，海岸线长8.21千米。嘉兴市地势南高北低，山地丘陵占陆域面积的0.94%；嘉兴市水系占陆域面积的10.8%，水网密度高达3.5公里/平方公里；林地主要分布在杭州湾北岸；耕地1719平方公里，占陆域面积的41.26%，为浙江省耕地规模最大的城市；嘉兴湖荡丰富，千亩荡共计54片，集中分布在市域北部区域。

嘉兴河湖交错的水乡特色文化和源远流长的园林文化主要通过其"六田一水三分地"的生态格局展现，形成的环状放射网络型生态结构成为嘉兴市国土空间独特的本底。

5.4.1　"九水连心、环状放射"的水网格局

京杭大运河开通以来，嘉兴的水网体系是以运河为干流形成的，经过唐、五代、两宋的开发建设，主要河流"五里七里一纵浦，七里十里一横塘"，以南湖为核心，海盐塘、长水塘、杭州塘、新塍塘、平湖塘、嘉善塘、长纤塘、苏州塘（运河）、长中港九大水系呈放射状布局，横塘纵浦、水网相连，形成"三环九射"的水网格局。嘉兴的水网格局是城市发展的动力与绿色发展的引擎，在区域功能联系中起到重要纽带作用。"三环九射"的水网格局串联了嘉兴市功能区域，是拓展"城市景区"功能、推动嘉兴旅游发展的重要空间载体。在历史文化传承方面，嘉兴水网是展示和传承嘉兴江南文化、红船文化的重要载体，其核心南湖如同嘉兴的动力心脏和文化地表，以其为中心的放射型

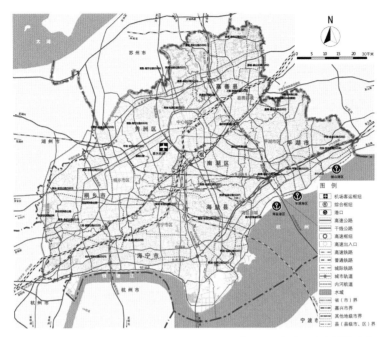

图5-7　《嘉兴市城市总体规划（2003～2020年）》（2017年修订）市域综合交通规划

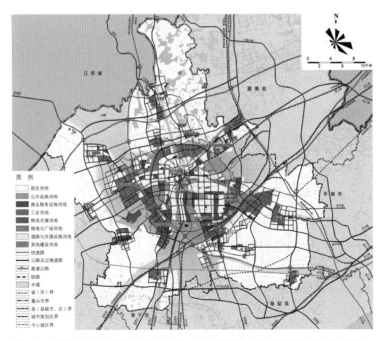

图5-8　《嘉兴市城市总体规划（2003～2020年）》（2017年修订）中心城区土地利用规划图

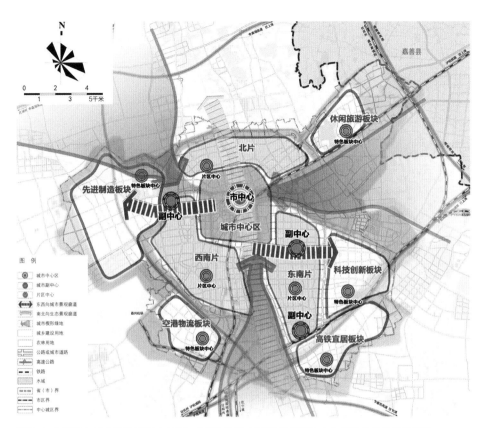

图5-9 《嘉兴市城市总体规划（2003~2020年）》（2017年修订）中心城区空间结构规划图

水网体系承载和传递嘉兴红船文化，映照嘉兴城市变迁历史。

嘉兴市密集的水网体系同时形成了独特的江南湖荡，主要集中在北部地区，这些湖荡属于太湖流域杭嘉湖东部平原水网区，有莲泗荡、梅家荡等约51个湖荡，其中荡漾面积在1000亩以上的有12个。依托嘉兴北部运河水系、湖荡形成了王江泾、西塘、乌镇、新塍等多个特色江南古镇，成为嘉兴市旅游发展的名片。嘉兴市中心城区北部湖荡以秀水新区、湖荡区、湘家荡为先导，以现状万亩农田、森林公园为基底，充分融合自然水景与城乡空间，由陆家荡、梅家荡、莲泗荡、北官荡、南官荡、东千亩荡、西千亩荡等多个大的湖荡水系构成，形成"一带、两廊、十湖、多点"的空间结构，是国际领先的高水平城乡融合示范区、全国一流的高质量生态文明样板区、长三角最优的高水准创新经济引领区。

5.4.2 "塘浦圩田、锦绣田园"的农田格局

嘉兴是三国时东吴的后方粮仓，唐至五代大规模治水营田。唐代的嘉禾屯田和嘉兴城市发展有着密切的关系，奠定了嘉兴全国重要粮产区、天下粮仓之一的基础地位，也形成了嘉兴市"塘浦圩田"的农田格局，逐渐成为国内著名的农业基地、浙北地区的重要农田保护区。在市域层面，嘉兴水网贯通、土地肥沃，形成了集中连片的永久基本农田，是我国重要的水稻生产基地，衔接并结合粮食功能区、现代农业园区、高标准农田区、万亩千吨良田区等重要农业生产空间，形成"锦绣田园"的农田格局。

2020年11月，全球乡村产业生态大会在嘉兴开幕，也标志着全球对嘉兴作为城乡统筹发展典范的认可。2004年时任浙江省委书记的习近平同志就统筹城乡发展专程到嘉兴进行了为期4天的调研，指出"嘉兴完全有条件成为全省乃至全国统筹城乡发展的典范"，并对农业产业发展提出重要建议，形成嘉兴农业生产与城乡共融的发展思路，推进农业高品质发展和高水平融合，着力构筑"城在田中、田在城中、城田相融"的生态格局。

5.4.3 "两环三楔、水绿交融"的绿地格局

嘉兴市市域绿地系统结构为"一主六副、两带多廊"，形成轴线放射、楔环相间的网络型绿地格局。以嘉兴市南湖为核心，沿九条水系形成多个生态公园绿地，引导放射型的城市发展方向，同时建设中央公园、放鹤洲、秀湖公园等重要景观绿地。依托水网体系，在嘉兴中心城区周边的嘉善、平湖、海盐、海宁、桐乡、滨海等县市也各自形成各类城市建设绿地及多种绿色生态基质，与中心城区形成相对独立而完整的绿地格局。依托北部运河湿地和南部杭州湾湿地，形成两条生态带，其中，北部运河湿地生态带具有丰富的湿地资源、湖荡资源，与传统村落形成运河文化遗产廊道；南部滨江滨海保护带依托钱塘江、杭州湾，形成平湖南部、南北湖景区、海宁百里长廊等重要生态功能区（图5-10）。这些生态功能区构成了嘉兴市的生态基质，依托高速防护绿带、楔形绿带形成多条生态廊道，市域内的多个区域公共绿地、水源保护地、风景名胜区等生态绿地起到生态斑块的作用（图5-11），形成完整的具有重要生态价值的"斑块-廊道-基质"的绿地格局，也奠定了嘉兴市水绿交融的生态格局。

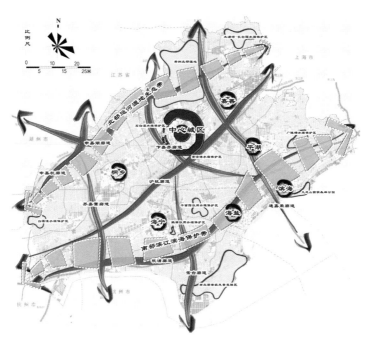

图5-10 市域绿地系统规划
图片来源:《嘉兴绿地系统专项规划(2006~2020年)》(2017年修订版)

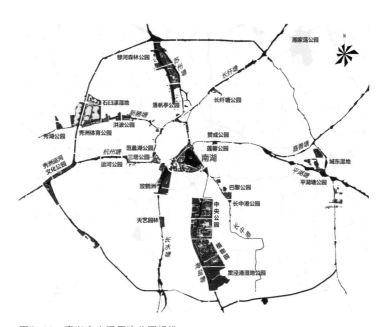

图5-11 嘉兴市水系周边公园绿地
图片来源:《嘉兴市"九水连心"景观系统规划》,中国生态城市研究院、天津大学建筑设计规划研究总院

5.5　嘉兴历史文化格局

嘉兴的历史发展源远流长，与之相对应的文化与人类文明在七千多年前就已出现，先人在此繁衍生息，种植稻物为生，形成了"江南文化史前之源"的马家浜文化。之后在春秋战国时期，伴随着吴越争霸，初现吴越文化；随着三国两晋时期的人口南迁，初现了汉文化与吴越文化的交融，吴越文化开始转型；之后的衣冠南渡与汉文化的植入，吴越文化再次发生重塑。1921年，中国共产党第一次全国代表大会在嘉兴南湖的召开，给嘉兴的红色文化增加了浓墨重彩。

5.5.1　马家浜文化——江南文化的史前之源

嘉兴历史源远流长，7000多年前已现人类文明曙光，先人在此繁衍生息，种稻为业，形成了"江南文化之源"的马家浜文化。1959年春，在距嘉兴市区7.5公里的南湖乡发现了一处马家为浜文化遗址，距今6000～7000年的原始聚落遗址，年代约始于公元前5000年，到公元前4000年左右发展为崧泽文化，此后持续的考古研究确立了新石器时代马家浜文化、崧泽文化、良渚文化的序列关系，将江南史前文化向前推进了一大步。

马家浜文化是太湖流域的新石器时代文化，居民主要从事稻作农业，还饲养狗、猪等家畜，进行渔猎活动，农用工具有穿孔斧、骨耜、木铲、陶杵等（图5-12）。马家浜文化以丰富的文化内涵、鲜明的地域特征和文化特点奠定了其在太湖流域新时期文化中的地位，开启了环太湖流域和嘉兴区域的文明进程，与后续的崧泽文化、良渚文化自成发展系列，是"江南文化的史前之源"。

泥质红陶豆　　　　　　　　炭化菱　　　　　　　　麋鹿头骨

图5-12　马家浜遗址出土文物
图片来源：葛金根．禾兴之源[J]．收藏家，2015（01）：18-24

5.5.2 吴越文化初现——吴越争霸的文化奠基

春秋战国时期，吴越两国在江南一带崛起，两国边境在今嘉兴市境中南部一线，嘉兴成为吴越两国争霸的主战场，两国在此多次交战。此时，新石器时期嘉兴一带众多的原始聚落演化为军事堡垒，有"吴越八城"或者"吴越四城"之说，众多军事堡垒之中檇李最为有名，也是吴越两国交战最多的地方。吴越文化在嘉兴历史上写下了浓墨重彩的一笔，其影响至今。吴越文化的源头可追溯到河姆渡文化、马家浜文化和良渚文化时期，吴越文化是长江中下游地区江浙一带的主流文化，也叫作江浙文化。

公元前497年越王允常卒，勾践即位迁都平阳（今绍兴平水镇平阳），公元前496年，吴王阖闾伐越，吴越交战于檇李，其后两国相互厮杀战争不断，但是又"同气共俗""为邻同俗"，在长江中下游流域形成并丰富了吴越文化。公元前334年，楚军大败越兵，直到公元前222年，秦始皇灭楚，吴越文化与楚文化有100多年短暂的交融。

封建社会初期，秦始皇平定江南，在嘉兴设置由拳、海盐两县，属会稽郡，为嘉兴市境建置之始；而两汉时嘉兴产业初现，煮海为盐，屯田为粮，吴黄龙三年（公元231年），因"由拳野稻自生"，孙权以为祥瑞，改由拳为禾兴，兴建子城，后改名嘉兴，并开始兴建嘉兴子城，子城为历代州府衙署所在地，至今已逾1700年，成为嘉兴建城的标志。赤乌五年（公元242年）改称嘉兴，"嘉兴"之名从此开始。自春秋吴越争霸到秦汉三国，嘉兴区域的主导文化是吴越文化，属于江南文化的早起形态，其早期物质形态的最主要特征为水稻种植、养蚕缫丝、印纹陶器和青瓷、造船以及水生食品的使用，于精神形态而言属于尚武型的文化类型，吴越文化至今仍深深根植于嘉兴当地老百姓的意识形态（图5-13）。

5.5.3 吴越文化转型——汉文化与吴越文化的初次交融

这一时期由于汉文化的融入，吴越文化由尚武型向崇文型转化，秦汉三国两晋时期的政治治理、兴修水利、发展农业，客观上促进了嘉兴的经济发展。南朝时期嘉兴所在的三吴地区经济十分发达，是当时朝廷财政收入的主要来源。西晋时期的"永嘉之乱"，朝廷南迁，是全国范围内第一次民族大迁徙、大融合，嘉兴所在的区域汇集了众多的北方移民尤其是文化名人，使得吴越文化融入了汉文化的内容，也有了更多的门阀文化和隐逸文化的内容，这算是吴

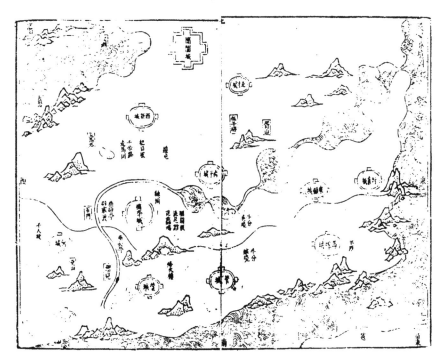

图5-13　春秋战国吴越分境图
图片来源：明崇祯《嘉兴县志》

越文化的第一次转型。此时吴越文化的突出代表有陶瓷业特别是青瓷的发展、纺织业的普及、铜镜制造业的发达技艺，造船技术也大幅提高。

5.5.4　吴越文化重塑——运河文化与衣冠南渡的植入

隋唐开凿江南运河，即杭州经嘉兴到镇江的大运河，给嘉兴带来了史无前例的发展契机，使得嘉兴由长期处于江南一隅成为南北交通干线的节点。至唐代嘉兴屯田27处，有"浙西三屯，嘉禾为大"之说，嘉兴成为中国东南重要产粮区，有"嘉禾一穰，江淮为之康；嘉禾一歉，江淮为之俭"的说法。漕运、水稻种植、渔业养殖、丝绸文化成为吴越文化的主要特征。

安史之乱、靖康之难分别引起两次人口大规模南迁，使得整个国家的文化中心转移至东南地区，吴越地区成为全国经济文化的重心，嘉兴的吴越文化更多地植入了汉民族的理学精神、诗词文化、桥船文化和商业文化。五代十国时期的吴越国非常重视海外贸易活动，舶来文化也成为吴越文化的一部分。

　　明清时期运河经济进一步发展，嘉兴土壤肥沃、物产丰富，成为全国漕运漕粮、海盐与丝绸等的产地中心，吸引了大量文人墨客。清末之后帝国主义入侵，辛亥革命爆发，吴越文化融入了较多的文人志士的风骨和楼台文化。

　　春秋战国时期的吴越文化是中华民族先进的少数民族文化，而明清时期的吴越文化则是中国汉族文化中先进的区域文化，而嘉兴一直处于吴越文化的核心区域。

5.5.5　吴越文化创新——红船文化引领下的重新启航

　　1921年，中国共产党第一次全国代表大会在嘉兴南湖的一条游船上胜利闭幕，庄严宣告了中国共产党的诞生，中国革命的航船从嘉兴南湖扬帆起航，而中国共产党建党伟业所蕴含的伟大革命精神，被称为红船精神。

　　2005年6月21日，时任中共浙江省委书记的习近平同志在《光明日报》发表署名文章《弘扬"红船精神"，走在时代前列》，首次公开提出"红船精神"的概念，并对"红船精神"的内涵进行了概括和论述，认为"红船精神"是中国革命精神之源，将"红船精神"的内涵高度提炼为"开天辟地、敢为人先的首创精神，坚定理想、百折不挠的奋斗精神，立党为公、忠诚为民的奉献精神"。

　　2017年10月31日，习近平总书记再次踏上嘉兴南湖红船，走入南湖革命纪念馆，他强调"我们要结合时代特点大力弘扬红船精神，让红船精神永放光芒。秀水泱泱，红船依旧；时代变迁，精神永恒。"

　　在高质量发展和新时代背景下，嘉兴作为红船精神启航的地方，作为中国大地上具有重要标志意义的革命原点，要不忘初心，结合实际，扬帆起航，把红船精神和文化作为嘉兴进一步发展的宝贵资源和导航塔，让嘉兴成为我国最早实现中华民族伟大复兴中国梦的地方。

第6章

使命

城市总规划师制度的嘉兴首创选择

嘉兴市具有两千多年的建城史，地处长三角国家级战略发展区域，是国家级历史文化名城，也是2010年科技部印发的首批创新型试点城市，更是我党第一次代表大会召开之地，是新时代红船精神、勇于创新的展示窗口。

创新建立嘉兴城市总规划师制度，以城市总规划师制度和模式为主导，以嘉兴城乡规划建设为空间载体，建立嘉兴成为新时代中国特色社会主义的最佳实践地，展示嘉兴城市日新月异的发展面貌，礼献建党百年。

6.1　嘉兴规划治理创新的"红船"文化基因

面对新任务、新要求、新挑战，党的十九届五中全会提出的"推进国家治理体系和治理能力现代化"是党中央提出的重要战略和解决问题的抓手，是"十四五"时期的重要目标。"红船文化"所蕴含的精神内涵恰恰为嘉兴治理能力现代化和治理体系创新奠定了坚实的文化基础。红船精神在中国共产党的发展实践中，经过了多次的演绎和改进，也经历了多次的考验和检验，已经转化为文化思想基因，成为指导嘉兴进行城乡规划治理体系和治理能力现代化的文化基石。独特的历史地位、优越的长三角地理区位更为嘉兴规划治理创新实践提供了坚实的区域机遇和实践沃土。

6.1.1　红船精神与规划治理的新要求新理念高度契合

红船之所以能航行，是中国共产党的先贤人士为了解救当时中国的发展困境和人民大众的生存危难而冒险启航的。此后，这艘勇敢的红船在中国共产党的领导下带领全国人民提出了反帝、反封建的革命纲领，动摇了帝国主义、封建势力在中国的统治基础。之后面对国民党新军阀的残暴统治，这艘红船在中国共产党的领导下改变方针，开辟农村包围城市、武装夺取政权的道路；而在第五次反"围剿"失败后，遵义会议迅速纠正错误，取得了长征的伟大胜利。在八年抗日战争中，这艘红船继续奋力前进，抗日救国，深入敌人后方，不仅同日本侵略者进行浴血奋战，更同国民党顽固派进行有理、有节的斗争，为抗日战争、国际反法西斯胜利都作出了不可磨灭的贡献。解放战争期间，这艘红船迅速调整战略方向，对国民党进行战略进攻，在解放区开展土地改革运动，经过艰苦卓绝的努力，红船起航后的中国共产党领导新民主主义革命取得了伟大胜利。

中华人民共和国成立后，这艘红船在中国共产党的掌舵下带领全国人民取得了"一五"的伟大胜利，走过三年困难时期，又及时调整"文化大革命"中的错误思想，带领全国人民进行改革开放，根据形势的发展变化，不断地积极调整国家发展的方针政策，勇于改革创新。

中华人民共和国成立以来，根据形势和任务，红船的前进方向一直处于勇敢的不断调整和变革之中，这也正是红船精神所在。这种勇于创新的红船精神与我党现今提出的现代化治理理念是高度契合的，其正是红船精神在新时代、新任务、新阶段中的体现和变革。百年红船精神历久弥新，与推进国家治理现代化实践道同契合，并升华为文化基因。

6.1.2　红船精神与规划治理的价值目标和追求一致

从红船扬帆启航的那一刻开始，中国共产党人始终把人民利益放在第一位，把人民需要放在第一位，不忘红船启航的初心。无论在防范化解一系列重大风险面前、在精准脱贫乡村振兴工作过程中、在努力进行污染防治力争2060年实现碳中和工作中，还是在抗击新冠肺炎疫情过程中，"人民至上"的价值理念始终展现得淋漓尽致。

把国家治理体系和治理能力现代化建设作为主要发展目标，正是在深刻分析和认知国际形势、国内发展阶段和主要社会矛盾的基础上做出的重大抉择，充分显示了"实现高质量发展，满足人民日益增长的美好生活的需要"的核心价值理念，体现和践行了中国共产党人民利益高于一切的初心，也彰显了红船精神百年来一脉相承的价值追求。

国土空间规划治理是国家治理体系的一个重要组成部分。为配合国家治理体系与治理能力的现代化推进，2018年3月，中共中央印发《深化党和国家机构改革方案》，组建自然资源部，提出了构建统一的国土空间规划体系，实行"多规合一"，并逐步进行相关法规体系和机制的完善工作，国土空间规划体系的建立和完善正是国家治理体系在城乡规划领域的创新变革。2019年5月《中共中央国务院关于建立国土空间规划体系并监督实施的若干意见》中明确指出，建立国土空间规划体系，整体谋划新时代国土空间开发保护格局，是坚持以人民为中心、实现高质量发展和高品质生活、建设美好家园的重要基础，是促进国家治理体系和治理能力现代的必然要求。

6.1.3　嘉兴城市总规划师制度是规划治理体系的创新典范

红船文化的内涵之一就是首创精神，要敢于与时代同进，敢于创新实践，契合于国家发展的新任务、新要求和新形势。嘉兴作为红船启航之地，只有继续发扬红船文化开天辟地、敢为人先的首创精神，才能继续勇立潮头，才能开创嘉兴城市高质量发展的新格局。

嘉兴城市历史悠久，是国家级历史文化名城，又是国家首批"创新城市"，同时地处长三角大区域格局之中，水系众多，生态格局复杂。自1982年编制首版城市总体规划至今，嘉兴城市建设面貌发生了很大改变，但是一直不能发挥其资源本底优势，未能在长三角区域大格局中担负起重要责任。如何实现嘉兴城市的创新发展和有效规划治理，需要大胆创新，探讨城市总规划师负责机制，推动城市高质量发展。实现从百年前的红船启航到今天的嘉兴城乡规划治理实践的传承、坚守、与时俱进，打造城乡规划治理的创新典范。

嘉兴市委市政府发扬红船精神，于2020年3月28日聘请了以沈磊教授为核心的嘉兴城市总规划师团队，期以提高嘉兴城市建设水平、改善城市面貌、创新城市发展动力，打造国土空间规划治理的国家创新典范。

6.2 城市总规划师制度创新体现敢为人先的嘉兴精神

自2000年以来，嘉兴市就已进行城乡治理创新探索，率先在全国进行了城乡融合和城乡一体化探索实践，以及乡村治理与振兴的"三治融合"创新实践，是全国城乡一体化示范先行区和乡村治理创新实践先行区。2020年初的城市总规划师制度的创新必将再次创造国家城乡规划治理新典范和示范先行区。

6.2.1 率先进行全国城乡融合，是城乡一体化示范先行区

面对"成为全省乃至全国统筹城乡发展典范"的希望和要求，按照"红船精神"引领，2003年嘉兴市在浙江省率先吹响了"城乡一体化"号角，2004年初以市委一号文件发布《城乡一体化发展规划纲要》和"六个一体化"专项，全面实施城乡一体化，这是全国地级市最早的规划实践。城乡一体化势必要破除城乡二元壁垒，消除城乡发展中的不平衡不充分问题，嘉兴市敢为人先，以改革创新为动力，突出城乡平等，协调发展体制建设，抓重点、重落实，在全国树立了城乡统筹发展的"嘉兴典范"和"嘉兴模式"。

嘉兴市通过工业反哺农业、城市反哺农村，优化财政支出结构，资金重点向农业和农村倾斜。在基础设施建设方面，嘉兴市结合市场化运作模式与行政力量，在污水处理厂、道路建设等一大批基础设施项目上取得成功，形成城乡

基础设施建设的配套和衔接；乡村的环保、供水、电力、通信等基础设施日益完善，实现了城乡交通、供水、污水处理、垃圾焚烧、用电同网同价等一体化建设。

在科教文卫设施建设方面，嘉兴市开展了公园广场、体育设施、文化中心、图书馆等公共服务设施的建设项目；建立公平均衡的教育制度，统筹城乡教育发展规划、管理、学校设点布局、经费、师资等，切实解决农村孩子"输在起跑线上"的问题。2003年，嘉兴率先建立新型城乡居民合作医疗保险制度，实现"全民医保"，成为全国第一个推行城乡合作医疗制度的地级市；2007年10月，嘉兴正式实施《城乡居民社会养老保险暂行办法》，成为全国第一个实现社会养老保险全覆盖的地级市。同时，在户籍管理制度改革方面，从2008年10月1日起，取消非农业人口和农业人口，统一登记为嘉兴市居民。

2004年以来，嘉兴市率先实施并坚定不移推进城乡一体化发展，城乡差距日益缩小，城乡藩篱逐渐破除。嘉兴市是浙江省乃至全国推进城乡一体化的先行区，也是一个改革成效显著的成功样本，更是不忘初心、敢为人先的红船精神的新时代践行区。十几年来，嘉兴市坚定不移地推进统筹城乡发展，走出了一条新型城镇化与农业农村现代化建设双轮驱动、生产生活生态相互融合、改革发展成果城乡共享，具有嘉兴特色的城乡融合发展之路，所有县（市、区）都进入"2020中国城乡统筹百佳县市"榜单前40位。

6.2.2　率先进行全国三治融合，是乡村治理创新实践先行区

2013年，以"红船精神"为引领，嘉兴桐乡市（县级市）高桥街道越封村率先开展探索建立"三治融合"的基层治理模式，打破原来自治、法治、德治"单兵作战"的格局，成立了第一个村级道德评判团，并在不断整合与优化的过程中形成了以"一约、两会、三团"为重点的"三治融合"乡村基层治理创新载体，即以自治为基础、以法治为保障、以德治为支撑，这种乡村基层治理方式既解决短期现实问题，又可以兼顾长效公平。

"三治融合"是乡村振兴战略实施过程中的重要手段，同时也是实现战略目标的重要依托，2017年"三治融合"作为实施乡村振兴战略的重要制度保障，写入党的十九大报告。党的十九大提出了"健全自治、法治、德治相结合的乡村治理体系"，确认了这一基层治理创新经验作为乡村振兴战略的重要组成部分。

桐乡市率先开展的"三治融合"模式迅速在浙江省内以及周边省市推广开来，取得了良好成效，2019年10月，桐乡市首创的"三治融合"模式再一次被党的十九届四中全会采纳，并扩展到了城市和乡村的基层治理体系范畴，明确提出"健全党组织领导的自治、法治、德治相结合的城乡基层治理体系"。

目前作为"三治融合"的发源地，桐乡市政府一直坚持以问题为导向、以理论为支撑、以领跑为追求的治理目标，努力将"三治融合"的发源地打造成基层社会治理的示范地。

经过多年探索实践，"三治融合"模式给嘉兴基层治理带来了巨大变化，促使嘉兴市治理模式发生巨大转变，包括从社会管理向社会治理，从政府单向管理向政府主导、社会多元主体协商共治，从行政管理为主的单一手段向行政、法律、道德等多种手段综合运用，从事后处置走向事前和事中处置的转变。这些治理模式的转变初步形成了共建共治共享的新时代基层社会治理格局，推进了市域社会治理体系和治理能力现代化，有效地预防、减少和化解了各类社会矛盾。经过不断实践探索，"三治融合"在嘉兴遍地开花、硕果累累，已经成为组织动员群众参与社会治理的新机制、预防化解社会矛盾的新手段、推进市域社会治理现代化的新途径。

2020年新冠肺炎疫情防控过程中，嘉兴市的"三治融合"模式在全市疫情防控一线筑起最坚固的健康屏障，为打赢疫情防控阻击战发挥了巨大作用。

嘉兴市的"三治融合"基层治理模式，既着眼于维护社会秩序，更着眼于激发社会活力；既着眼于为平安建设示范地打基础，更着眼于为乡村振兴战略部署作保障，为嘉兴市在全省率先获得全国社会治安综合治理"长安杯"和"平安金鼎"夯实了坚实基础，为乡村振兴奠定了治理基础，已成为浙江省乃至全国基层社会治理的重要品牌。

6.3　城市总规划师制度创新契合嘉兴城市发展目标

嘉兴市率先在全国地级城市进行了城市总规划师制度和模式的探寻与实践工作，既是深入贯彻落实党中央、国务院决策部署，把试点引路作为重要改革方法，推动国家城乡融合发展试验区、坚持城乡融合发展正确方向，以缩小城乡发展差距和居民生活水平差距为目标的有益探索，又是嘉兴城市本底资源与条件、优越的文化底蕴、长三角大区域空间区位的体现和诉求。

6.3.1　将嘉兴建设为中国城乡融合和新型城镇化的样板地

嘉兴市深入贯彻落实党中央、国务院决策部署，把试点引路作为重要改革方法，推动国家城乡融合发展试验区，坚持城乡融合发展正确方向，以缩小城乡发展差距和居民生活水平差距为目标，以协调推进乡村振兴战略和新型城镇化战略为抓手，以城乡生产要素双向自由流动和公共资源合理配置为关键，突出以工促农、以城带乡，破除制度弊端、补齐政策短板，率先建立城乡融合发展体制机制和政策体系，为全国提供可复制可推广的典型经验。

推进城乡融合发展，是嘉兴市对国家现代化发展规律的深刻洞察，也是对我国国情农情、城乡关系的科学把握，更是对统筹城乡发展和城乡发展一体化战略的继承和升华，具有重大的现实和理论意义。城乡融合发展是以人民为中心的内在要求，是解决社会主要矛盾的必然选择，是国家治理现代化的重要标志。

嘉兴城市发展具有推动城乡融合和新型城镇化的典型示范价值。2019年12月，嘉兴全域成功入围国家城乡融合发展试验区，成为主动先行先试的11个国家试验区之一。联沪融杭的区域位置与田园水乡的资源特色使嘉兴市极具城乡融合的发展潜力，应树牢城市、区域的整体性理念，统筹嘉兴市域的城乡高质量发展。

6.3.2　将嘉兴打造为中国优秀文化和传统文化的展示地

嘉兴是典型的江南水乡，拥有历史悠久、丰富多彩的传统文化。秀水泱泱，滋养了一代代江南才俊，国学大师王国维、文学大家茅盾、武侠名家金庸、文艺大师丰子恺、佛教领袖李叔同等均出自嘉兴。嘉兴市拥有海宁皮影戏、中国蚕桑丝织技艺等世界级非物质文化遗产，以及马家浜遗址、京杭大运河、盐官海塘等珍贵的物质遗产，承载了浙江、中国悠久而灿烂的文明。

嘉兴是中国共产党的诞生地、中国革命的启航地，拥有以红船精神为代表的优秀文化。岁月沧桑，红船依旧，爱国学者沈钧儒、褚辅成，"一大"女杰王会悟等革命先辈为嘉兴留下了婉约灵秀而勇猛精进的精神气质。历史文明与现代文明在这里相互融合、交相辉映。"文化是一个国家、一个民族的灵魂，文化兴则国运兴，文化强则民族强"，以红船精神引领的中国革命文化将成为中国未来的航标。

嘉兴担负着向全国、世界展示中国优秀文化与传统文化的重要使命。应彰

显"越韵吴风"的城市文化魅力,强化"红船精神"的城市品质内核,展示
"水都绿城"的现代城市人文风尚。城市总规划师制度的创新应将现代风貌
和传统风貌相结合,将嘉兴打造成为红色革命文化、江南水乡文化的综合展
示地。

6.3.3 将嘉兴创建为中国生态文明和可持续发展的示范地

人类社会经历了三个文明发展阶段,原始文明畏惧自然,农业文明依靠自
然,工业文明征服自然。生态文明是人类社会发展的新阶段,人和自然的关系
是爱护自然、尊重自然和仿效自然。由工业文明时代到生态文明时代,世界格
局发生根本性转变,生态格局也成为可持续发展的重要基础。城市发展更强调
生态优先、科技优先、人本优先、效率优先,用较少的资源获取较大的经济价
值,与自然和谐相处。

嘉兴是水乡泽域,生态资源优质,环境本底完整,水城互动的空间格局一
脉相承,城市"依水而筑、傍水而兴、因水而盛",具有浓郁的江南水乡特色。
优质的城市生态本底,为嘉兴生态文明建设提供重要的物质基础;高标准的环
境质量,是推动城市可持续发展的有利条件。嘉兴的经济本体、生态本底、文
化本色,使其成为中国生态文明建设和可持续发展的杰出代表,能够成为全球
人居环境的典型示范。

6.4 城市总规划师制度创新符合嘉兴区域担当要求

2018年6月习近平总书记在中央外事工作会议上指出,当前中国处于近代
以来最好的发展时期,世界正处于百年未有之大变局。当前世界格局将发生重
大变迁;中国为应对此种变局治理体系与治理能力现代化的难度加大。对于嘉
兴而言,地处我国长三角国家战略区域,如何在世界未有之大变局和长三角发
展的区域中获取发展机遇并勇于担当,树立典范,使嘉兴成为长三角区域有影
响力和竞争力的标杆城市,嘉兴城市总规划师制度的规划治理创新将会是破解
难题的抓手之一。

6.4.1 建设科创走廊,打造高质量发展示范地

世界未有之大变局意味着全球范围内新一轮的大发展、大变革、大调整,
追溯工业革命以来人类文明的巨大变化,科学技术和产业革命起着举足轻重的

作用，每一次科技和产业革命都深刻地改变了人类的发展和世界格局。18世纪英国的产业革命奠定了英国在西方世界的话语体系，20世纪美国的技术创新奠定了美国在整个世界的主导地位，21世纪人类又进入了一个全新的科技创新活跃期，各种颠覆性的技术创新不断涌现，谁掌握了科技创新谁就将在新的世界格局中占有更多的话语权。

对于嘉兴而言，城市总规划师从规划治理角度做好产业更新升级、建设科创走廊、编制重大产业规划、进行重大项目空间落位，协助市委市政府进行现有各级各类开发区和产业园区的产能整合升级，抓住世界未有之大变局的发展机遇，将红船启航地嘉兴打造为高质量发展示范地，协同沪杭共同建设科创走廊，在长三角首位战略中承担浙江对外开放的门户、国际功能辐射与创新转化的桥头堡，再次发挥国家治理体系中的区域担当作用。

6.4.2　提升城市品质，打造长三角枢纽新城

嘉兴在整个长三角区域格局中处于枢纽地位，如何融入长三角、借力长三角一体化战略发展，是目前嘉兴市的首要战略，需要细致谋划，提升城市品质。高品质的城市发展战略离不开规划治理的宏观把控，嘉兴城市总规划师团队在本底规划研究的基础上，明确关键问题、分解设计任务，通过协调各级国土空间规划、各类专项规划以及重点片区的城市设计，结合法律、行政、技术手段的实施，达到对全域全要素的整体把控，提升城市品质，增强城市吸引力。

在高铁网络不断加密的态势下，区域发展已由单中心集聚阶段快速进入多中心网络化阶段，嘉兴市处于长三角核心区的上海大都市圈，是全国最高经济能级的核心腹地，是通过半小时通勤串联上海、苏州、杭州、宁波4个万亿级经济核心的重要节点城市，因此嘉兴在区域中应承担起核心枢纽的作用参与全球经济竞争。嘉兴市在本底规划研究的基础上，提出利用土地价值低洼的后发优势打造区域优良的环境品质，以高铁新城为引爆点，充分利用TOD模式，通过G60通廊的建设，打造长三角枢纽新城。嘉兴中心城区吸聚产业、人口，形成城市经济、社会和文化的新型活力中心；高铁新城接轨沪杭人才与产业外溢，成为科技创新中心。

6.5　城市总规划师制度创新推动嘉兴本土资源统筹

嘉兴的本土资源优势极其突出，但是无论就长三角区域还是浙江省而言，

都没有凸显其资源优势，达到优质发展。对区域发展而言，嘉兴市生态、宜居、文化优势都不明显，提升空间巨大。对产业结构而言，嘉兴市以通用设备和纺织服装为主，创新能力不足。对空间结构而言，一方面，嘉兴市中心城区不强，辐射带动作用偏弱，市区GDP占整个市域的23.1%，在浙江省名列倒数第二；另一方面，各市县与中心城区之间的联系不强，出行强度较低。对人口结构而言，嘉兴市老龄化严重，65岁以上人口占比高于浙江省平均水平；大专以上人口比重低于浙江省平均水平；高校数量与学生数量均低于周边的绍兴和金华。在城市总体规划师制度创新体系建立过程中应当充分关注本土核心资源的统筹和协调，推动和实现嘉兴城市治理现代化。

6.5.1 嘉兴本土核心资源的优势与困境

嘉兴素有"水城、禾城、枢城、红城"之称，其本土核心资源优势明显，但各方面的发展困境也亟待解决。

在生态方面，嘉兴是有名的"水城"，运河历史悠久，全域水网密布，但水系的经济价值、文化价值都并未得到充分利用；水系的防洪问题依然没有得到有效解决和统筹谋划，在城市洪涝灾害、海绵城市建设中发挥的力量有限，生态效益亟待挖掘提升。

在农业方面，嘉兴自古就有"禾城"之称，运河两岸"稻谷自生"，圩田文化、农耕文明历史悠久，耕地占比全省最高。因此，嘉兴城市发展应充分利用好嘉兴的"六田一水三分地"的生态格局，利用好富饶水乡、田园水网，规划打造水乡生态家园和塘浦田园单元，突出"禾城"特色。

在城镇方面，嘉兴作为全国最早进行城乡统筹发展的先行示范区，是全国城乡差距最小的城市，但是目前城乡之间依然面临不平衡不充分的矛盾，因此将嘉兴继续打造成全国新型城镇化的高地和典范的任务十分艰巨。同时，嘉兴处于一体化"1+7"的城市枢纽联结地位，其"枢城"的区位优势明显。

在文化方面，嘉兴是中共一大召开地，红色文化优势明显，留有红船遗址和一大线路遗址，新建有南湖博物馆，应重点发挥红船启航的政治优势，发扬新时代红船创新精神。嘉兴发展融合了历史文化名城以及运河文化、吴越文化、红船文化、江南水乡文化、新式海派文化等，现存数量及其庞大的物质文化遗产和非物质文化遗产，还有众多形态和机理保护完整的水乡聚落。

6.5.2　城市总规划师制度有效实现本土核心优势资源的高位统筹

城市总规划师制度通过技术管理和行政管理"1+1"的手段，以整体性为核心思想、以全生命周期为基本理念，可以有效实现全域全要素的整体把控，从而实现嘉兴核心优势资源的高位统筹。通过对嘉兴市域生态资源、历史文化资源、城镇建设等本土资源进行充分的现状分析后，提出嘉兴城市发展定位与职能，明确全域城市设计目标与实现路径，高位统筹嘉兴本土核心优势资源。

城市总规划师以本底规划为技术管理和行政管理的重要抓手，对生态空间、生产空间、生活空间的本底资源进行统筹把握，深刻认知生境、史境特征，挖掘文化特色，为国土空间总体规划、详细规划与设计、各系统专项规划提供技术支撑，构建全域全要素国土空间的信息管理平台，对核心资源的利用与保护进行实时监督与管理，提高国土空间现代化治理水平。

6.5.3　城市总规划师制度高效推动嘉兴城乡治理现代化战略

嘉兴城市总规划师制度的创新是实现嘉兴城乡治理现代化战略的重要抓手，在区域–城市协同发展背景下，城市总规划师通过宏观把控区域产业发展规划、城市综合交通发展规划等，统筹协调城乡空间布局与风貌特色，导入交通、产业等外生变量，提高人口增长、人才培养等内生变量，打造品质嘉兴，进一步推动嘉兴城乡治理现代化。

城市总规划师是嘉兴城市内生变量的近期抓手，嘉兴城市发展进程中缺乏产业及人口增长的基础支撑，在周边超大、特大城市的产业和人口极化效应下更显单薄。因此，通过总规划师对城乡空间品质的整体把控、综合统筹，促进市域全要素的流动，推动交通网络建设、基础设施配套、产业协同布局、居住品质提升等方面的规划内容，成为吸引人口聚集的重要空间手段。同时导入并形成系统的外生变量，承接沪杭等超大、特大城市的产业和人口扩散效应，推动内生变量发生变化，进而促进城市与社会发展。

城市总规划师是嘉兴城市外生变量的终极抓手，协助市委市政府组织编制、评审、决策嘉兴城市综合交通规划、高铁新城国际方案征集等规划与设计，以TOD导入式、系统式发展模式为先导，结合RBD、EOD等多种空间发展模式，在高、中、低、无密度规划情景中，形成各站点、综合体、功能片区的土地级差收益及生态反哺效益，形成投入与产出的系统平衡与增量绩效。通过总规划师对区域形势、嘉兴定位等的综合研究与判断，统筹把控区域范围内各类型规划与设计，提升嘉兴市在长三角城市群、上海大都市圈中的作用地位，成为引入外生变量的重要力量。

综上，嘉兴城市总规划师团队通过本底规划的研究，整体把控一系列规划设计，推动品质嘉兴建设，在长三角城市群极化效应、扩散效应中推动嘉兴市人才流、资金流、信息流、技术流及物流的系统集合，通过综合交通规划与建设拓展城市新增长极，在外生变量、内生变量的综合作用下形成组团化、网络化的城市功能分区，最终推动实现城乡治理现代化的典范城市。

第 7 章

践行

嘉兴城市总规划师——制度的运营框架

嘉兴作为我党红船启航之地，一直秉承红船精神，创新发扬红船精神的时代内涵，率先进行了城乡融合、三治融合的基层治理实践。在建党百年之际，在"十三五"顺利收官"十四五"开局之时，嘉兴市委市政府准确研判，抓住百年未有之大变局，围绕高质量发展阶段的各项任务和目标，进一步推进城乡规划治理能力现代化，建立城乡规划治理模式的创新实践，率先进行了嘉兴城市总规划师制度创新探索。

为加强国土空间规划、设计、建设和管理水准，保障规划有效实施，提升城市空间品质，以嘉兴全域全要素统筹、城乡规划建设管理为基本工作内容，结合嘉兴实际，首创嘉兴城市总规划师制度和模式。通过一年左右的运行，围绕本底规划研究，组织了大量的规划编制、方案审核和项目实施管理工作，以技术管理和政府管理"1+1"模式为主要的治理手段，取得一定成效，献礼建党百年，为红船文化注入新的内涵。

7.1 嘉兴城市总规划师的本底规划思想与方法

嘉兴城市总规划师团队在具体的运营实践中，以"本底规划"作为工作开展的核心指导思想、实施抓手和基础平台，对嘉兴所处大区域格局和本土资源条件进行持续、开放的调研、解读、认知和深入研究，形成研究报告、规划设计条件和项目委托组织与评审的技术依据，进而形成规划设计成果、规划管理技术条文，并在具体的实施把控中进行不断的反馈、修正与调整。

7.1.1 本底规划的基本解释

本底规划是集本底研究、规划编制、实施管控于一体的持续、开放、动态的泛规划工作平台与思想，立足于城市所处区域大格局、城市本体全域全要素的本土条件和资源摸底、研究，进行规划工作的开展、研究、实施、反馈、修正而不断调整的过程，以实现城市的高质量发展、城市形态的持续优化、国土空间的有序开发与人民生活质量的稳步提升，实现城市治理能力现代化。

著名人文主义规划思想家格迪斯关于城市问题最精髓的核心思想可以归纳为"按城市本来的面貌去认识城市，按城市的应有面貌去创造城市"，深刻而有力地揭示了城市规划的本源与目的，就是充分认识城市赖以生存的自然物质本底、尊重城市的历史文化本底，这也是格迪斯一直推崇的有机联系和时空统一的理念，既重视物质环境更重视文化传统。因此本底研究是本底规划的基本出发点，随着认知理念的不断提升，人类已经深刻认识到不论科学技术如何发展，人类的一切生产、生活活动所涉及的物质和精神基础都来自自然界，人类所生活的区域、流域是人类一切行为的最大本底。

嘉兴城市总规划师团队在工作中牢牢抓住"本底规划"，以本底研究作为一切规划管理工作的基础，认清城市所处的区域大本底，摸清城市自身的全域全要素大本底，组织力量进行深入研究，形成规划工作的基础、技术指导与规划目标。随着规划设计编制的深入，规划成果进一步充实到本底规划之中；伴随规划成果的落地实施，进一步调整、反馈、修正本底规划。嘉兴城市总规划师团队在工作之初深入调研，紧抓嘉兴水系网络的气质基因、长三角一体化格局的区域环境、红船启航之地的文化精神、江南文化发源地的历史传承，率先启动《嘉兴全域总体城市设计》和《嘉兴市九水连心景观系统规划》的方案征集与编制工作，作为最宏观、全面的本底研究，理顺嘉兴城市发展的"史境"和"生境"，为后续规划、研究、管控实施奠定基础；进行"重走一大路"和"高铁新城概念规划设计"的国际征集与方案研究，通过TOD与红色文化开启嘉兴高质量发展新阶段，推动嘉兴有效融入长三角一体化新格局，激发城市活力。

7.1.2　本底规划是生态文明导向的规划认知新哲学与思维

日益严重的生态环境问题是全球各个国家共同面对的困境，也是人类命运共同体建设的最大难题，党的十八大报告明确提出大力推进生态文明建设，为全球生态安全作出贡献，并确定了经济建设、政治建设、文化建设、社会建设和生态文明建设的"五位一体"的总体布局。党的十九大报告进一步强调统筹山水林田湖草系统治理，实行最严格的环境保护制度，为全球生态安全作出贡献；强调人与自然是生命共同体，并将"五位一体"写进《党章》。2017年中国签署《巴黎气候协议》，做出2030年碳排放达峰并争取尽早达峰的自主贡献承诺，2020年9月22日，习近平总书记在联合国大会上向全世界宣布"中国将在2060年实现碳中和"，体现了中国在全球生态环境治理和人类命运共同体构建中的"大国担当"。随着全球性生态危机与环境灾难的愈演愈烈，特别是自2020年新型冠状病毒肺炎疫情在全球暴发，给人类的生产生活造成了巨大冲击和影响，生态文明理念与人类命运共同体成为全球共识，也标识着人类从农业文明、工业文明向生态文明的彻底转型，生态文明成为人类发展的基本背景和核心诉求。

国土空间是生态文明建设的载体，党的十八大明确提出将优化国土空间开发格局作为推进生态文明建设的首要战略，生态文明已经成为国土空间规划的基本背景和目标导向，我国进行国土空间规划体系建立和改革的重点就是要摸清底数，将国土空间开发保护的核心管控要素传导、贯穿到各级各类规划当中，与生态文明建设的目标导向和背景是高度契合的，也是生态文明理念下国土空间开发保护制度建立的必然要求和有效途径。《关于建立国土空间规划体系并监督实施的若干意见》《省级国土空间规划编制指南（试行）》以及《市级国土空间总体规划编制指南（试行）》都明确提出生态优先原则，要求在资源环境承载能力和国土空间开发适宜性评价的基础上，科学有序统筹布局生态、农业、城镇等功能空间，强化底线思维。

嘉兴城市总规划师团队的本底规划正是立足于对"生态本底的扎实研究"，与生态文明建设和国土空间规划的基本要求是不谋而合的，将生态文明置于江南文化与红船精神的嘉兴话语体系之中，其核心就是建立生态、生产、生活安全和谐的空间资源整合观和规划哲学思维。

7.1.3　本底规划是持续优化的规划管理新理念与平台

随着我国市场化深入以及生态文明建设发展，空间资源配置多元化、城镇化发展动力多元化，而国土空间资源的整体性、非标性以及公共性特征要求对其进行总体谋划，进行科学化、动态化、多元化治理，因此促使规划治理的模式创新。面对现实世界的不确定性和复杂性，秉承实践出真知、多实践定能明理的基本道理，嘉兴城市总规划师团队在工作开展中秉承"本底规划"的规划治理新理念，搭建形成持续的规划研究平台、开放的资源整合平台、动态的管理实施平台和整体的城市发展平台。

紧抓"生态本底的扎实研究"，实现对全域空间要素的整体把握，形成调研报告、研究成果、技术条件和基础资料等本底研究成果作为各级规划设计的基础，结合各级各类重点规划项目的组织规划编制与评审，将本底研究的关键问题、核心理念、基本原则落入规划设计之中，进一步整合优化各级规划设计成果，与管理实施要素结合，形成本底规划，继而以本底研究和规划作为规划管理与实施把控的核心技术，落实规划管理新理念，创新城乡空间治理新模式。以本底规划统筹协调城乡规划编制技术、管理技术、实施把控技术，以行政管理和技术管理的"1+1"模式，破解规划编制和管理环节碎片化、行政管理条线横向联系弱等难题，实现全域全要素全生命周期的现代规划治理模式，实现有效管控与实施效果。

此外，围绕本底规划的规划治理新理念、核心抓手和评判要素，嘉兴城市总规划师团队积极引入"技术外脑"，通过方案的国际征集和比选、引进城乡规划领域的优秀专家、团队进行规划项目的编制和研究，通过学术会议与高峰论坛的组织、规划项目的评审，搭建融合多领域专家学者的高端团队和技术支撑平台，创建了强大的跨界作战能力。

7.1.4　本底规划是开放动态的规划研究新方法与手段

城市规划作为一种空间资源配置、物质环境营造的重要公共政策和工程技术，以解决城市问题为导向和目标，通过物质空间的营造手段提升社会环境与生态环境，解决城市中的各种问题，发挥城市规划的力量。对实际问题和全域全要素的深入研究是必不可少的，规划研究同时也是城市规划的一项重要工作和基本方法，而城市作为一个复杂的巨系统和有机体，处于不断的发展变化中，新的问题层出不穷，必须建立开放动态的规划研究系统，才能保证对城市问题与时俱进地分析评判，保证规划的科学理性。

嘉兴城市总规划师团队倡导的本底规划是一种规划研究的新方法和手段，以其开放、动态的基本理念保障了规划研究的科学性、持续性，以在地研究与实时更新保障了规划编制、实施、城市治理与管控的可实施性与操作性，具体分为三个层次，三个层次的研究互为基础、层层指导、不断完善与修正。第一个层次立足于对城市全域全要素本底的深入研究，特别是立足于水网格局的生态本底研究，对嘉兴地处的长三角区域大格局进行深入分析，对嘉兴千年古城的悠久历史和红船文化进行新时期的创新解读，形成了一系列的调研成果、基础资料库、研究成果，作为本底规划的研究基础。第二个层次的本底规划研究对第一个层次的研究基础进行提炼，形成规划编制与设计的相关技术文件，对重要的规划项目进行方案的国际征集比选，进一步对嘉兴城市本底进行深入分析、剖析，明确限制条件和优势要素，补充本底规划研究；通过方案征集比选形成最有规划设计方案，形成本底规划的重要组成部分。第三个层次的本底规划研究主要针对管控实施和重大项目的选址落位，对第一阶段和第二阶段研究成果进行反馈、修正和调整。本底规划作为一种全新的规划研究新方法与手段，丰富了我国城乡规划学科的理论与方法，为建立本土规划创新进行了有益的探索和实践，有益于现代城乡国土空间规划治理体系的完善和治理能力的提升。

7.2　嘉兴城市总规划师制度的总体要求

城市规划是一个城市发展的蓝图。为进一步促进嘉兴城市高起点规划、高标准建设、高水平管理、高效能运行，实现高质量发展，特建立嘉兴城市总规划师工作模式和制度。嘉兴城市总规划师是指嘉兴市政府为保障城市公共利益、提升城市形象和品质、实现重点地区精细化管理而选聘的首席规划师及其技术团队。

7.2.1　指导思想

以习近平新时代中国特色社会主义思想为指引，认真贯彻落实习近平总书记关于城市规划建设管理的重要指示，坚持新发展理念，深入贯彻中央城市工作会议精神，秉持"家国情怀、世界眼光、审美情趣、工匠精神、极端负责"精神，结合嘉兴实际，建立嘉兴城市总规划师制度，推动城乡规划治理体系和治理能力现代化，努力把嘉兴打造成为具有"红船魂、运河情、江南韵、国际范"的国际化品质江南水乡文化名城。

7.2.2　主要目标

在嘉兴城市总规划师的三年聘期内，基本形成市、县全覆盖的城市总规划师制度体系；进一步探索完善城市总规划师的工作机制，形成工作手册；从城市顶层设计、实施传导、过程管控等方面入手，依托城市总规划师智库，提供全过程、全系统、全方位的规划设计、咨询策划、实施管理等技术支持，努力确保规划设计谋划长远、详细设计特色彰显、工程设计精准落地，充分体现世界标准、中国特色和嘉兴元素，形成在全国范围内可复制、可推广的城市总规划师"嘉兴模式"。

7.2.3　职责定位

城市总规划师团队作为嘉兴市政府的特聘专家团队，其领军核心人物担任市国土空间规划委员会副主任，赋予一定的行政管理权力，履行城乡规划建设管理的行政管理和技术管理"1+1"模式的工作职责。根据建设与管理需要，城市总规划师参加政府有关工作会议、查阅政府相关文件，并向委托方提交咨询意见，作为行政审批和决策的重要技术依据；经地方政府同意，承担部分规划研究编制任务。

7.2.4 基本原则

嘉兴城市总规划师团队应秉承专业、效率、公正、公开基本原则开展工作。

首先，坚持团队人员组成的高标定位。城市总规划师应由具有行业影响力并兼具学术水准和行政协调能力的领军人物领衔，组织多学科专业技术人员，形成专业技术团队；集合各专业全国顶级专家，形成总规划师的专家委员会。

其次，坚持工作内容的权责明晰。城市总规划师是城市在规划建设管理领域的首席智囊，为政府行政决策提供专业技术支撑，会同相关部门科学管理。

最后，坚持工作机制的科学规范。建立健全科学规范、便民高效的城市总规划师运行机制，坚持公平、公正、公开的工作作风，并主动接受群众和社会监督。

7.2.5 创新模式

嘉兴城市总规划师制度是红船文化内涵的拓展，其规划治理理念、制度修订体系、市场政府职能、职业发展等方面的创新模式开启了嘉兴城市治理现代化发展的新征程。

在规划治理理念创新方面，嘉兴城市总规划师制度围绕推动未来典范城市、美丽乡村、美丽中国高质量发展为目标，按照系统理论、系统观念、系统方法重要论述和重要原则，做到政府主导、技术管控、市场运作、科学规划、系统集成、规范运作、整体推进的相互统一、相互促进，以此构建中国城乡国土空间治理体系。同时以生态文明建设理念为核心，创新地探索出一套全要素、全空间、全过程参与制度化、生态化、智慧化、智治化的生态城市建设与管理模式。

在制度修订体系创新方面，嘉兴城市总规划师制度围绕推动中国城乡国土空间治理体系和治理能力现代化的目标，探索出一套在国家及地方层面、主管部门的国土空间等城乡规划法规、规章、制度的研究成果及其修订体系的创新模式。

在市场政府职能创新方面，嘉兴城市总规划师制度围绕推进政府职能转变、发挥市场在资源配置中起决定性作用和更好发挥政府作用的目标，探索出一套由行政主导、市场竞争、技术管控、规范运作等环节共同形成的政府服务类市场采购、决策体系及运作机制的创新模式。

在职业发展创新方面，嘉兴城市总规划师制度围绕"创新、协调、绿色、开放和共享"的发展理念，促进行业学术繁荣，探索高等院校专业学科建设，提升行业产业链、价值链延伸和核心技术竞争力，以推动行业共赢共荣为目标，以突破规划设计核心战略研究、核心基础关键技术研究及自主创新为支撑，形成一套具有自主知识产权的行业标准、专利技术和专有技术体系、行业职业发展体系的创新模式。

7.3　嘉兴城市总规划师制度实施的保障措施

嘉兴城市总规划师制度作为全国城乡规划治理领域的首创，需要进行一系列的实施探索和构架，建立完善的保障措施和制度，保证城市总规划师工作能够顺利开展。具体可以分为党政支持、协调机制和政策配套、物质空间和资金保障、人员配置、监督考核机制等5个方面的保障措施。

7.3.1　思想高度统一的党政支持

国土空间规划治理工作面对的对象和内容是极其庞杂、复杂而烦琐的，涉及机构、部门、团体和个人等众多利益主体，还涉及原有政府的发改委、规划、建设、管理等部门的权责和利益，需要有一个强有力的、思想高度统一的党政机制来支持和保障城市总规划师工作的顺利展开。嘉兴市市委市政府要求各部门、各级政府充分认识城市总规划师对补齐嘉兴城市建设短板的重要意义，要高度重视城市总规划师制度的落实，各级自然资源和规划主管部门要主动负责，推进城市总规划师工作制度的如实、按期、按计划执行。为此嘉兴市特别印发了《嘉兴市城市总规划师制度试行办法（嘉规委〔2020〕5号）》文件，明确提出城市总规划师作为嘉兴市国土空间规划委员会特聘专家，担任嘉兴市国土空间规划委员会副主任，提出城市总规划师由政府采购的选聘形式，赋予嘉兴城市总规划师一定的行政权力，形成了嘉兴市委市政府领导高度重视、各部门各级政府高度配合、严格遵循规划设计原则及规则的浓厚工作氛围。

7.3.2　高效的协调机制与完善的配套政策

嘉兴市委市政府除了印发《嘉兴市城市总规划师制度试行办法》，选聘并明确了城市总规划师担任嘉兴市国土空间规划委员会副主任的职务，还建立和完善了高效的协调机制与配套政策以保障城市总规划师工作的顺利进行和高效高质完成。

首先，在日常联席会议制度的实施方面，嘉兴城市总规划师首席专家需要参加各种事关规划建设的市委市政府工作例会，与各级部门进行协商对接，落实宏观精神以及各部门诉求和要求，通过联席会议制度来保证协调机制的高效实现。

其次，在直接领导项目负责制的实施方面，建立并推进主管部门直接联系城乡规划设计项目，与城市总规划师团队定期对接，以提升嘉兴城市品质为核心目标听取意见和汇报并进行指导。

再次，在工作推动会和例会机制的实施方面，定期举行自然资源与规划管理局、国土空间规划管理委员会的工作例会、品质嘉兴指挥部的各种推进会和主任例会等，达到城市总规划师工作远景与城市空间发展诉求的高度契合。

最后，在公众宣讲与咨询机制的实施方面，嘉兴城市总规划师定期向市政协、市人大、老干部及社区团体、市民等进行规划设计方案和工作的宣讲与咨询，提高公众在营造高品质城市空间工作中的重要作用，为了满足人民安居乐业需求提供技术支撑，最终实现"人民城市人民建，人民城市为人民"。

7.3.3　固定的办公场所与充足透明的资金保障

嘉兴市委市政府以及各区县政府都积极予以协调配合，为城市总规划师团队进行具体项目的技术把控与组织编制、本底规划研究等工作提供办公场所，目前在南湖经济开发区以及国际金融广场都有固定办公场所，约500平方米，可以满足日常事务处理、小型会议召开、洽谈合作等工作的进行。

嘉兴城市总规划师的薪酬主要以咨询费用的方式来体现。在《嘉兴市城市总规划师制度试行办法》中明确规定城市总规划师的咨询费用由各级财政资金保障。咨询费用根据政府采购结构确定，并在合同中明确约定。委托方应考虑重点地区规划规模、工作内容以及服务周期等因素，合计确定基本服务费用。咨询费用应满足城市总规划师团队成员人工费用及运营成本。为进一步辅助好城市总规划师的工作，嘉兴市各级政府都加强服务保障，将城市总规划师的服务费用纳入各级财政资金预算予以保障。同时嘉兴城市总规划师团队有完善的财务决算、核算体系来保障资金的透明公正使用。

7.3.4　高、精、尖的人员梯队配置与甄选程序

嘉兴是国家级历史文化名城，我国首批创新型城市，我党红船启航之地，

又地处长三角区域的枢纽位置，吴越文化、运河文化、江南文化在此升华，各项资源优势极其突出。面对新时代国家高质量建设的要求，迎接建党百年，打造高品质城市空间，探索提升城乡规划治理的成效，特进行嘉兴城市总规划师的选聘工作，初定任期三年。

嘉兴市城市总规划师由首席规划师和技术团队组成。首席规划师是具有行业影响力的规划、建筑、景观设计领军人物。根据重点地区开发建设具体需求，设置两位领衔规划师。技术团队成员根据其所服务的重点地区发展需求，由规划、建筑、景观、生态、交通、市政等专业技术人员组成，其技术水平应为行业领先，并具有良好诚信记录。

嘉兴市颁布了嘉政办发〔2020〕13号文件《嘉兴市城市总规划制度试行办法》，聘任沈磊为嘉兴市国土空间规划会副主任，担任嘉兴城市总规划师职务，负责组建城市总规划师团队。沈磊教授为中国生态城市研究院常务副院长、博士生导师，先后就读于华中科技大学建筑学院、清华大学建筑学院、哈佛大学设计学院，并曾担任多地的规划局副局长、总规划师，在业界有非常丰富的执业经验和众多的城市规划设计管控实施成果。

沈磊教授召集了20位技术人员组成核心专业技术团队，大部分为博士学位，专业以城乡规划、建筑学为主，融合环境工程、水污染治理等专业；另外沈磊教授还聘请了一批国内外知名专家作为嘉兴城市总规划师的智库，中国城市科学会和中国生态城市研究院有限公司也随时提供技术支持。2020年11月，于杭州召开了中国城市科学会总师专委会的成立仪式及专项论坛，为嘉兴城市总规划师模式的创新探索以及未来职业体系建设奠定了基础。

7.3.5　监督考核机制助力工作高质高效开展

2019年3月组建以来，嘉兴市城市总规划师团队迅速进入工作状态，凝心聚力，披星戴月，每位成员都以饱满的激情和热情全身心投入总规划师团队工作，为嘉兴城市的高品质发展贡献力量。而科学完善的监督考核机制不仅可以有效地保障工作任务的顺利完成，更可以成为激励的手段。

嘉政办发〔2020〕13号文件《嘉兴市城市总规划师制度试行办法》明确规定城市总规划师的所有咨询行为均应符合国家法律、法规，并承担法律责任，杜绝一切徇私舞弊与不公正行为。委托方与城市总规划师团队签订的合同中应具备履约评价、考核及奖惩等条款内容。委托方根据合同的约定对城市总规划师的行为实施监管，并在每个服务年期内对城市总规划师进行履约评价及考核。

城市总规划师负责各级自然资源和规划部门的统筹指导工作，牵头制定相关制度，负责建立健全规划委员会技术审查机制、技术组织机制、技术总控机制、专家论证机制、征求意见机制等相关机制。

嘉兴城市总规划师团队内部也在积极进行考核绩效评价机制的建设，期望以评促建，切实提升团队工作方法、工作效率和工作质量。

7.4　嘉兴城市总规划师制度的工作内容与路径

城市总规划师制度作为现代国土空间治理模式的重大创新，是以管理为目标、实施为导向、技术为手段，落实空间规划的公共政策，实现对实施效果的有效管控。具体的手段主要是通过技术管理和行政管理"1+1"的方式来进行，其中技术管理是嘉兴城市总规划师的主要工作抓手，而行政管理是借助行政的力量将技术管理进行推进和落地，其实二者可以理解为"一推一"的关系，借助行政管理的力量将嘉兴城市总规划师对国土空间治理的技术管理进行落地实施，从而实现对嘉兴城乡空间发展的有效把控。

根据嘉兴市的本底资源特点以及目前规划、建设、管理部门的工作现状，嘉兴城市总规划师的基本职责可以简单概括为保障城市公共利益、提升城市形象和品质、实现重点地区精细化管理。

7.4.1　嘉兴城市总规划师的工作内容

嘉兴城市总规划师应在嘉兴全域全要素现状研究基础上，深入理解嘉兴全域特别是重点地区规划设计建设情况和发展需求，在本底规划工作的平台上，向委托方提供技术协调、专业咨询、技术审查等服务，具体工作内容包括以下六方面：

（1）作为技术牵头方，协助政府部门搭建开放的技术平台，组织开展相关研讨协调会，组织技术讲解和业务培训。

（2）协调城市空间与建筑风貌、公共活动的关系，对街道设计、公共空间、慢行系统、景观环境、交通组织、地上地下立体复合空间利用等方面建设以及整体品质提出技术意见。

（3）落实总体规划，统筹协调重点地区建设项目，对建设用地规划设计条件的制定提出优化建议。

（4）参与建设工程前期策划工作，对设计招标需求文件提供专业建议及技术审查意见。

（5）在建筑设计方案咨询及核发建设工程规划许可过程中，协助主管部门对设计文件进行审核，并按照城市设计要求对建筑形态、风格、材质、色彩、亮化设计等方面提出优化建议。

（6）经委托方同意，根据重点地区规划设计建设实际需要，开展相关深化研究课题。

7.4.2 嘉兴城市总规划师技术管理的工作路径

嘉兴城市总规划师的技术管理是"1+1"管理模式的基础和根基。技术管理是城市总规划师团队的核心服务内容，包括本底规划研究、实施把控、规划咨询、技术审查、组织专家论证、组织征求意见等内容。其中，本底规划研究是技术管理的重要支撑，包括宏观层面的市域总体城市设计或总体层面规划研究、中观层面的"一控规三导则"和微观层面的城市设计指引等内容；实施把控是规划高质量落地的关键保障，包括片区的设计总控和项目的实施总控等内容；规划咨询是扩大规划引领效能的有效手段，包括方案征集组织、咨询报告提报、项目选址论证、技术业务培训等内容。针对上述技术管理的工作内容，提出以下6条具体工作路径：

（1）组织进行全域全要素的研究，协调相关其他研究，形成本底规划研究。在深刻领会党和国家各项文件精神的基础上，明确现阶段国际国内发展形势，特别是深刻把握党的十九届五中全会精神和《中共中央关于制定国民经济和社会发展第十四个五年计划和二〇三五年远景目标的建议》，在高质量发展要求下，在品质嘉兴建设和建党百年来临之际，研究清楚嘉兴在长三角区域发展格局中的机遇和问题，对嘉兴全域全要素进行本底规划研究，摸清家底。进而作为技术牵头方，组织进行相关本底规划的投标、编制、方案审核、技术把控、评审等工作，对其他规划设计工作进行指引；协助政府搭建开放的技术平台，组织相关专项研究与重大战略研究，协调相关研究及其与本底规划的关系。

（2）分解关键任务提出规划思路，进行技术讲解和培训，明确规划设计技术把控内容。在本底规划研究的平台上，对重点地段、重点规划设计项目的关键任务和方向进行研究分解，对相关设计单位进行设计项目的方向引领、主要技术条件、设计思路引领的技术讲解和业务培训工作。

（3）进行规划编制组织和技术评审，实施城市公共空间品质的技术把控。协助政府组织重点地段、重点项目的规划编制国际方案征集、技术把控、技术审核等工作；进行全域城市设计、片区控制性详细规划、重点地段城市设计的国际方案征集、技术把控、技术审核等；对相关城市设计导则进行技术分析和把控，重点对城市重要节点、城市风貌、建筑色彩、沿街立面等进行技术指引和落地实施把控。

（4）嘉兴高品质枢纽空间与高铁新城的技术把控。目前嘉兴通过"12410"落实首位战略思路，其中最主要的就是融入和借力长三角区域的国家发展战略，打造枢纽新城和连接上海的桥头堡。嘉兴如何成为长三角核心区域枢纽型中心城市，其各种交通体系的发展战略与规划需要嘉兴城市总规划师搭建技术平台，进行技术把控。嘉兴城市总规划师另一重要任务就是进行高铁新城片区的规划设计条件、战略方向的分解，进行国际方案征集相关的技术把控，并利用城市总规划师的世界眼光和格局进行重要企业和投资项目的筛选。

（5）城市重要专项规划的技术意见与编制技术把控。嘉兴作为水城、历史文化名城，自然禀赋优势明显，水系景观规划、绿地系统规划、开放空间规划、慢行系统规划、历史文化名城保护规划等专项规划的编制都具有极为重要的意义，重要专项规划的技术把控是嘉兴城市总规划师的重点工作内容之一。

（6）相关规划咨询与技术业务培训。嘉兴城市发展机遇向好趋势下，城市重大项目建设、城市品质提升等工作需要城市总规划师的协调与把控，主要涉及城市总体风貌的宏观协调、重大项目的选址落位、建筑设计方案的细节把控等。国土空间规划技术与方法的推广宣传也是城市总规划师团队的工作内容之一，应对相关空间规划与研究提供技术咨询、业务培训等。

7.4.3 嘉兴城市总规划师行政管理的工作路径

嘉兴城市总规划师的技术管理工作最终能够落地实施，除了一部分法定规划的法律效应起重要作用外，更多的是通过城市设计指引的行政管理创新来保障技术管理的实施。不同层级的城市设计指引和城市整体风貌为城乡规划管理与实施提供指导，为提高人民生活空间品质提供重要技术支撑。城市总规划师通过全域城市设计的本底研究，将技术管理转换为行政管理，为各级管理部门提供规划与建设的行政决策与咨询，最终实现城市设计的实施把控。

例如在法定的控制性详细规划下形成土地细分导则、城市设计导则等以及一系列技术意见和咨询意见，均以书面形式提交政府及相关部门，作为行政审批和决策的重要技术依据或者刚性要求和条件，来落实技术管理的内容，达到真正的实施把控。

7.5　嘉兴城市总规划师模式探索的展望

经过沈磊教授领衔城市总规划师团队近两年的良性运作，已经取得了初步成果和一定成效，期望可以形成嘉兴市的分级规划师制度，明确分级责任和服务范围；并通过实践中的探索，初步建立嘉兴市城市总规划师运行机制，为全国其他同类城市甚至更多区域提供借鉴，推动现代城乡治理能力的提升和治理体系的完善。

7.5.1　嘉兴城市分级分区总规划师系统的构建

经过沈磊教授领衔城市总规划师团队一个周期的良性运作，期望可以形成嘉兴市的分级规划师制度，明确分级责任和服务范围。嘉兴市城市总规划师负责全域空间规划技术管控；各县（市）可根据自身城市发展需求，选聘总规划师进行各县（市）域空间规划技术管控；在重点地区开发建设中，可聘请片区规划师进行规划与设计技术总控，形成分级分类的总规划师体系。

7.5.2　嘉兴城市总规划师运行机制的初步建立

通过嘉兴城市总规划师团队的探索，期望可以形成一个高集中的党政领导高度重视、遵循规划设计及其规则的浓厚工作氛围；建立完善一套高效率的指挥、议事、协调机构及其运作团队；制订完善一套高水准的法定制度及其高质量、高效能决策运作机制、数据运维机制（包括研究、规划设计、决策、审批、预算、招投标、实施监管、验收决算流程）；收纳运筹一批高水平的国内外及本土产业研究、规划设计机构资源团队；收纳运筹一批高质量的中介、咨询、施工单位资源团队；广泛筹集一批高效益的多方式融资机制及各类型项目；强势推进一批高引领的重大投资项目；建立推进一批高层次的领导联系项目机制；抓紧出台一套高双赢的项目投资优惠政策；有力推进一套高强度的督查奖惩机制。这一系列城市总规划师运行机制将成为全国范围内可推广借鉴的城乡规划治理创新的行政管理体系。

7.5.3　可推广的嘉兴城市总规划师模式从红船之地再次启航

期望以红船启航之地为示范窗口，发扬敢为人先的首创精神，进行嘉兴城市总规划师模式的创新探索，建立城市规划师制度的示范地、先行区，为我国国土空间规划体系和国土空间治理能力现代化建设提供借鉴。在嘉兴城市总规划师实践过程中，加强总结推广，适时提炼阶段性成效，努力打造可复制、可推广、可操作的"嘉兴模式"，为建党百年"最精彩板块"的建设增色添彩。更期望在走向建国百年的历程中，嘉兴创立的城市总规划师模式可以在全国各地得以实施，取得更大成效，献礼建国百年。

第 8 章

礼献

建党百年嘉兴
城市规划设计

嘉兴市作为中国共产党第一次代表大会召开之地，是新时代首创精神的展示窗口。自2020年3月沈磊总师团队受邀进行嘉兴建党百年的规划建设工作，积极探索技术管理与行政管理"1+1"的总师模式，形成了以"九水连心"和全域城市设计为总体框架，以重点地区设计方案国际征集、重点地块详细设计审查为行政管理抓手，以本底规划研究为技术管理依据，涵盖宏观总体格局、中观片区发展、微观风貌整治3个层面的嘉兴城市规划与建设体系，完成了"九水连心、革命纪念馆轴线、重走一大路、江南慢享古城、南湖周边风貌、人居环境整治、城乡融合北部湖荡区、湘家荡科创园和高铁新城"等九大板块的近期规划建设工作，实现城市环境明显改善、城市品质明显提升、城市活力明显增强，以崭新的城市面貌迎接建党百年。

8.1 嘉兴城市长远谋划的战略研究

在面临着百年未有大变局和社会主要矛盾变化带来的新征程、新特征、新要求背景下，嘉兴市城市总规划师团队着力探索生态文明引领下的城市发展新模式，通过国土空间规划"二维规划"与"三维设计"的融合创新研究，突出山水林田湖草的新生命系统观、人类与自然和谐的新自然生态观、发展与保护平衡的新经济发展观、环境与民生供给的新民生福祉观、城市与乡村融合的新繁荣社会观、传统与创新交融的新文化传统观等六大观念，形成国土空间总体规划与总体城市设计"1+1"的编制体系。在谋划嘉兴城市发展战略的研究中，总师团队总体把控与研判城市发展趋势，以"生境、史境、城乡格局"为整体研究基础，确定嘉兴城市空间发展的特征定位，提出城市长远谋划的战略策略，继续新的时代征程、贯彻新的发展理念、构建新的发展格局，推动城市高质量发展。

8.1.1 生境本底挖掘资源价值

嘉兴生态本底资源丰富，通过战略意义、生态识别、多维评价3个方面对嘉兴市全域生态要素进行了系统分析、问题研判，挖掘生态资源价值，进而针对性地提出了嘉兴全域全要素的生境格局、策略路径和管控体系，形成国土空间规划体系中的生境格局。基于创新的城市复合性生态系统理论，进行三级网络生态特征分析、核心生态要素单元分析和生态功能网络评价分析，系统研判嘉兴生境本底的资源价值。

　　首先，嘉兴是太湖生态核心圈和杭州湾生态带的重要组成部分。从功能定位上来看，是长三角生态涵养地、通湖联海的平原水乡以及全球候鸟迁徙廊道上的重要家园（图8-1）。其次，通过高清影像识别全域由河流水网、湖荡湿地、美丽林田、活力海湾4种生境基因特色单元构成，形成以林田和海湾为主体，河流湖荡有机交织的生态格局。第三，嘉兴的水网呈现典型的蛛状特征，水面率和密度较高，是典型的江南水乡。但是嘉兴的人均水资源占有量却比较低，同时也面临着较高的污染风险。因此，通过对河流两侧200米范围的缓冲区进行第二等级和第三等级的网络分析，构建河流缓冲区的多级评估体系，确定水体污染风险。第四，对嘉兴全域九处湖荡湿地进行生物多样性保持、观光娱乐、防洪减灾的三大功能的因子分析，明确嘉兴湖荡湿地的核心生态功能。第五，嘉兴作为大都市区浙北粮仓，全域有16个特色农业强镇，都市农业潜力较大，嘉兴全域耕地占比、永农保护率全省最高，但农田破碎化程度较高、土地利用效率不高。第六，嘉兴全域拥有长达81.84千米的海岸线，具有生态修

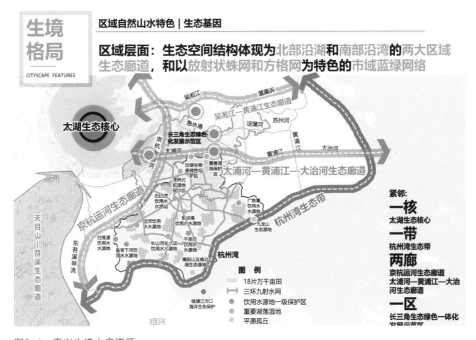

图8-1　嘉兴生境本底资源
图片来源：图8-1～图8-14均引自：《嘉兴市域总体城市设计》，中国生态城市研究院

复与保育、文化、旅游及工业生产等复合功能特征。由于嘉兴享有世界文明的潮河口，有千年古镇观潮胜迹，同时也对海塘有巨大的破坏力，因此应在全域监管的基础上通过地方管理来实现海岸线生态功能的保护与修复。

8.1.2　文脉传承，彰显文化魅力

嘉兴具有7000年的人类文明史，1800年的建成史，是国家级历史文化名城之一。嘉兴市城市总规划师团队以本底规划为总体城市设计的重要抓手，充分认知史境特征，挖掘文化，通过对嘉兴的历史文化形成从认知到历史断代的前期研究，形成遗产价值评估和文化脉络演进，得出全域空间策略路径和分区管控体系。在全域全历程的史境格局研究中，创新地采用年谱断代方式，梳理市域历史发展脉络，借助地理计量方法，构建文化遗产的时空大数据库；采用类型学的方法，解析嘉兴城市空间形态基因，形成文化空间战略，包括文化遗产空间格局、文化空间节点、价值分布、古镇与工业遗产的保护利用等。

首先，通过对嘉兴全域物质与非物质文化遗产以及人文基因，从年代分布、空间分布及密度分布3个层面的叠加分析，提出嘉兴市物质文化遗产点分布年代呈现"远古散、中古少、近代密"的特点。其次，对嘉兴市全域空间格局进行梳理与分析，总结出城市、乡村与城镇"6+6+6"的空间肌理。其中，在城镇格局方面，通过对全域历史古城进行全面研究发现，嘉兴古城作为古代江南地区不规则城市形制的杰出代表，有6种空间基因，呈现"城水相依、子城居中、府县同城、南北轴线、次序生长"的时空特征。在村落格局方面，基于江南水乡临水而居的传统，主要形成聚落、短巷、长街3种空间基因特征（图8-2）。最后，通过对全域的11个特色文化进行划分，对相应的文化要素和空间进行感知分析，从中提取6大类可感知、可识别的文化空间节点，分别为运河文化、雷田文化、古城文化、建造文化、红色文化和名人文化。并将文化空间节点与水系分布进行叠加分析，提取出83.15%的文化价值空间沿水系分布，全域形成了"两带两廊十一古镇"的旅游文化格局（图8-3）。长三角是国际知名的江南水乡和古镇旅游地，嘉兴也借助深厚的历史文化，形成了以乌镇、西塘为代表的古镇文化带，但是绝大多数古镇的风貌相似度比较高，面临比较严重的同质化竞争问题；除古镇资源以外，嘉兴借助近代产业经济的发展形成了丰富的工业遗产，但在城市更新过程中，缺乏对于工业遗产历史文化价值、艺术美学价值、休闲旅游价值的再利用。

聚落 短巷

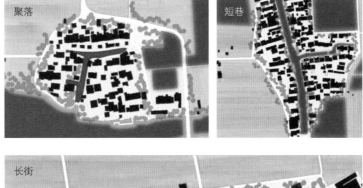

长街

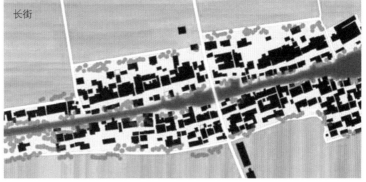

图8-2 嘉兴市乡村聚落的空间基因特征

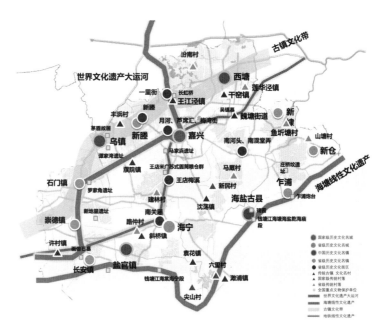

图8-3 嘉兴旅游文化格局

8.1.3　战略谋划，把握长远未来

在新时代新挑战的背景下，嘉兴要建立新的城市发展模式，从工业文明到生态文明，从人口红利到人才红利，从外力驱动到内外并举，从干线贯通到直连直通，从快速发展到共同富裕，以此形成高质量、高品质的城市空间发展策略，直面挑战走向未来。嘉兴城市总规划师团队在这一发展背景与趋势下，以生境、史境的本底规划研究为技术管控和行政管理的重要抓手，整体把控全域全要素总体城市设计方案，有序推进嘉兴高质量发展、高品质生活、高水平治理的特色空间营造，促进嘉兴成为引领新发展模式的区域性中心城市。

结合嘉兴市国土空间总体规划阶段性成果提出的"一主一副四组团"城镇结构体系，提出将嘉兴市建设成为"生态文明的示范区、共同富裕的展示区和未来城市的先行区"的目标，从水乡特色和生态、城市轨道交通和网络、城市遗产保护和文化背景、科创赋能和龙头引领、城乡融合和共同富裕、品质跟人区和高端人口集聚等6个方面，全面推进空间规划工作，最终实现"世界级网络田园城市"的发展愿景。

在嘉兴城市发展目标与愿景的引领下，整体性构建"一轴引领、金边银线、五方连心、九水三环"的空间发展格局，打造"连湖枕海、九水连心、现代江南、网络田园"的全域风貌特色。在结构性的总体框架下，总师团队以强化空间发展格局为核心目标，重点把控和落实12个空间设计策略。

（1）一轴引领强脊梁

嘉兴承载着G60科创大走廊与虹桥国际枢纽南向拓展带两条国家战略走廊，支撑起区域发展的脊梁。"一轴引领"是指强化嘉兴的整体能级、协同护航，构建世界级的大都市带。首先，通过构建世界级高铁、城际、高速的综合交通廊道，铸造时空紧密联系的区域发展骨架（图8-4）。其次，在交通廊道骨架的支撑下，嘉兴市借助高铁新城聚能，将嘉兴打造成为发展廊道上要素聚集、功能跃升、区域联动的枢纽城市。并以嘉兴南站作为高铁新城的核心引领，加速要素集聚，整体性地谋划一批重大性设施，如长三角会议中心、体育中心等，形成商业商务、会议培训、旅游服务和居住配套等多元功能，更好地发挥区域功能承接与护航的作用（图8-5）。最后，利用高铁枢纽的集聚效应提升城市服务能级，以高铁新城为"产能窗口"，联动"科创大脑"和"产业基地"，通过科创大脑凝聚顶尖人才，依托优美环境在湘家荡北部、乌镇等一系列地区构筑高品质的总部研发基地，形成全域联动的三级产业空间，构筑产

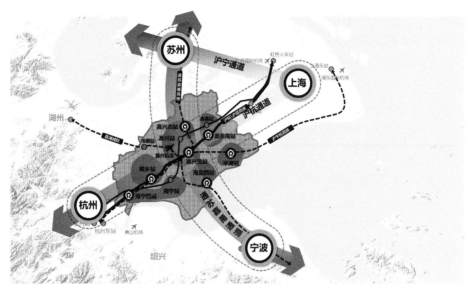

图8-4 交通铸骨，构建世界级的区域发展廊道骨架

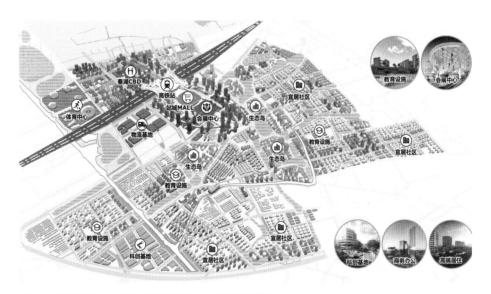

图8-5 新城聚能，以骨架串联高铁新城，加速要素集聚

业链上游，引领科创引智新模式，成为全域高质量融合发展的秀带（图8-6）。

（2）金边银线联沪杭

在长三角一体化国家战略引领下，为加大沪杭区域城市的全面联系，全面对接区域资源，总师团队在对本底资源的整体把控下，描绘嘉兴在世界级城市群核心腹地的"融沪金边"和"联湾银线"（图8-7）。借助嘉兴的区位资源优势，在全域构建10个战略锚点，吸引资源，强化边界能级与护航整体，形成无限链接。

首先，以王江泾镇、祥符荡、九龙山、新埭镇、独山港和海盐6个战略锚点，形成"融沪金边"，借助临沪协同发展，形成创意研发、高端智造、创新转化的发展圈，支撑上海南拓发展（图8-8）。其次，以钱塘国际新城、乌镇和尖山南北湖3个战略锚点，形成"联湾银线"。围绕环杭州湾共建自主创新的智造湾区和绿色低碳的生态湾区的目标，一方面，依托和挖掘"银线"各节点城市资源禀赋和区位优势，促进沪杭甬大都市圈资源向节点城市输送，打造成

图8-6　全域联动，打造全域高质量融合发展的秀带

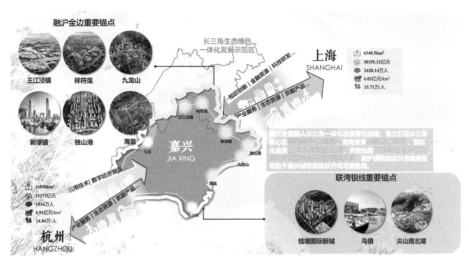

图8-7 金边银线联沪杭

图8-8 金边融沪,点亮融沪战略锚点,展现无界品质魅力

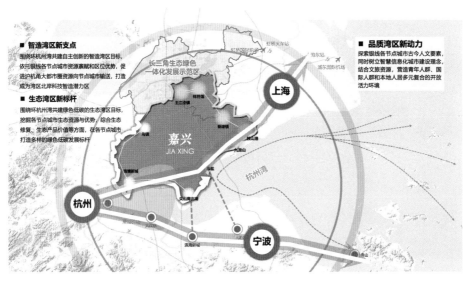

图8-9　银线联湾，营造沿湾品质珠链，推动更高质量链接

为湾区北岸科技智造潜力区，同时综合生态修复、生态产品价值等在各节点城市打造多样的绿色低碳发展标杆；另一方面，探索"银线"各节点城市古今人文要素，树立智慧信息化城市建设理念，结合文旅资源，营造青年人群、国际人群和本地人居多元复合的开放活力环境（图8-9）。

（3）五方连心筑一城

在新型城镇化发展背景下，总师团队基于本底研究与发展目标研判，提出了嘉兴未来城市"布局组团化、建设集约化、功能复合化、产业高端化、交通网络化、环境生态化、服务智慧化、风貌多样化、城乡一体化"的发展目标与空间特征。在这一发展目标的引领下，以霍华德城市为雏形，构建了未来城市的理论模型（图8-10），重点统筹生态营城、文化传城、产业兴城、精细治城、智慧维城五大核心要素，进阶打造了嘉兴未来城市的样板。

依据未来城市的理论模型，嘉兴形成空间布局组团化发展格局，要素布局系统化发展，形成"五方连心"的未来城市典范。首先，通过打造"区域中心—地区中心—片区中心"三级城镇体系，重点打造嘉兴中心城区，强化嘉善的一体化、平湖的联动化、海盐的低碳化、海宁的协同化和桐乡的窗口化，整体上构建"1+5+X"的嘉兴都市圈，结合五方城的差异化发展、高质量聚能，合理支撑嘉兴成为长三角区域级中心城市。

其次，依托快速交通架构市域一小时交通圈，增强要素流动，强化城市的整体能级。一方面，通过"一环十一射"的快速道路网和"5+3"的市域轨道网，支撑城市向心发展，打造中心城区与外围城区的30分钟交通圈；另一方面，通过有轨电车和BRT快速公交，加强城市与乡镇组团的快捷联系，打造城区与各乡镇的30分钟交通圈。以嘉兴南站为枢纽对外形成联通全国和长三角的2～3小时交通圈，对内形成市域1小时交通圈，同时依托各级枢纽站，以交通带动TOD模式开发，在全域范围内打造多级要素集聚的高质量发展节点（图8-11）。在打造嘉兴都市圈快速绿色一体化交通系统的发展策略下，更加强化以"市域轨道为主导、有轨电车及BRT公交为支撑、慢行绿道为辅助、水上巴士为特色"的公交系统，加强市、县、镇、村多级行政单元的绿色出行组织，实现全域绿色出行率不低于87.5%，同时提高公交出行的便捷度和舒适度，打通绿色出行的"最后500米"。

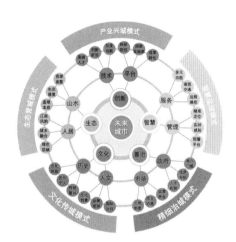

图8-10 未来城市的理论模型

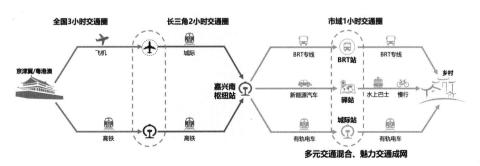

图8-11 网络聚力，打造嘉兴都市圈快速绿色一体化交通系统

　　第三，通过加强嘉兴市城乡公共服务设施均等化，构建"区域公共中心—地区公共中心—片区公共中心"三级联动、均衡覆盖的高质量公共服务体系，形成能级聚力。中心城区集聚大规模、高等级、综合性公共设施，打造城市地标，提升服务能级及区域辐射力，并带动地区级、片区级公共中心的提质升级。

　　以医疗服务为例，中心城区的长三角医学中心作为引擎，提升嘉兴中心城区的医疗服务能级，彰显区域及中心城市的强大公共服务支撑能力。同时，依托国际一流、国内顶级的医疗专家资源，打造医疗、教育、科研、康养一体化融合的综合服务中心；依托长三角医疗中心的建设，强化片区开发和整体功能的配置，通过产学研联动带动，促进医疗体系整体升级（图8-12）。

　　最后，嘉兴作为国家城乡融合发展示范的排头兵，在深度吸收浙江省城乡融合先行先试经验的基础上，构建城镇村三级美美与共的城乡融合共同富裕示范区。嘉兴以全域土地整治为抓手、以平台整合为载体、以普惠共享为目标，打造城乡融合示范2.0版，逐步形成向全国复制推广的成功经验。嘉兴市总规划师团队结合全域土地整治的先进经验，整体把控嘉兴秀美的生态特色，创新性地提出基于生态与文化要素评估的3种土地要素流动类型，形成人走村走、

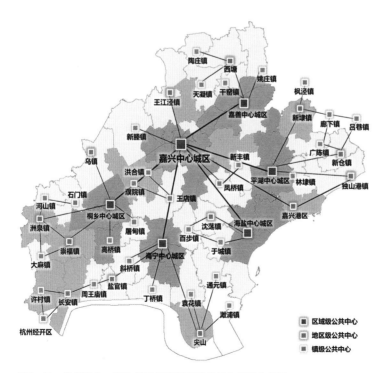

图8-12　能级聚力，打造长三角区域高质量的公共服务体系

人走村留、人留村留等先进理念，保留生态、文化本底良好的自然村落，打造一批中国式水乡田园样板。同时，全域通过村落的分类保护与利用，平衡城乡关系、强化乡村特色、延续文化生长、体现江南水韵；通过三生融合的乡村空间打造，尝试运用农业股份化、村民职业化、进城务工、转移就业等举措壮大农村集体经济，优化农村人口结构，增强要素双向流动，促进新型城镇化背景下的共同富裕。

（4）九水三环绘愿景

"十四五"期间是碳达峰的关键期、窗口期，我国城市碳排放量占全国的70%以上，其中，能源、工业、交通、建筑和农业是中国碳排放的主要领域。未来20年，还有2亿～3亿人会进入城市，城市是中国实现碳中和目标的主战场，"减碳"成为硬约束。生态城市建设是国土空间规划的核心目标，也是可持续发展的唯一路径。因此，在新时期国土空间规划体系下，需要加强空间治理、品质与特色塑造，通过建立全域生态城市框架提供整体性解决思路和方法手段。因此，嘉兴城市总规划师团队在全域全要素的整体把控下，通过重点关注场地自然特征、优化蓝绿本底空间、修复生态系统功能、建设绿色基础设施、增加城市孔隙度、打造特色交通运输系统等，实现高效、活力和可持续的未来城市建设。

首先，系统梳理嘉兴江南水乡生态、文化、城乡等资源要素的特色，借鉴天津市"一环十一园"公园系统的经验，打造嘉兴"三环九水"的水系格局，尊重原有河道水系，依据历史航线和水上交通规划，整体链接、局部拓宽，串联全域生态、文化、城乡等特色资源（图8-13）。

其次，以"三环九水"的全局构架，串联蓝绿和农田网络，整体连接16条生态廊道，通过"核""斑""廊""湾"构建八大核心保护区、三级廊道、多斑块的生境体系（图8-14）。一方面，重点修复和优化湖荡生境、湿地生境、塘浦生境、荡田生境等12类生态斑块，分类施策开展生态保育，提升生态系统价值。另一方面，将自然基地引入城乡，塑造渗透在湖田间的现代田园城市，在全域范围开展城乡生态营造，将城乡轻轻地放置于生态极地之上，建设城市安全韧性空间。

最后，基于"三环九水"的发展格局，塑造五条四类特色文化走廊，延续城水相依的水乡聚落特征，以水路为脉络、镇村为重点，形成网络化的历史文化展示骨架；重点塑造全域三十六景的嘉兴魅力节点；并以大历史观培育人文特色于创新生境，打造独特的五彩"文化+"展示路线，包括红色旅游线、蓝

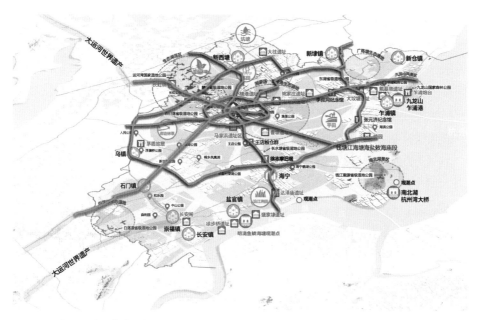

图8-13 水网塑脉,整体连接形成三环九水的特色格局

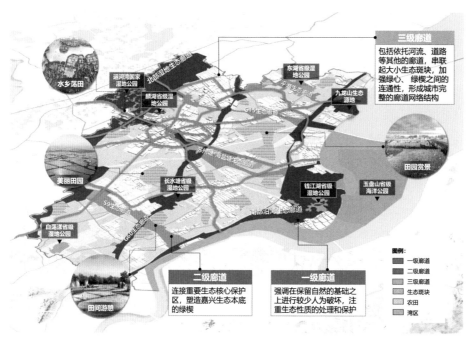

图8-14 绿网筑底,构建高质量生境系统,还原修复生态价值

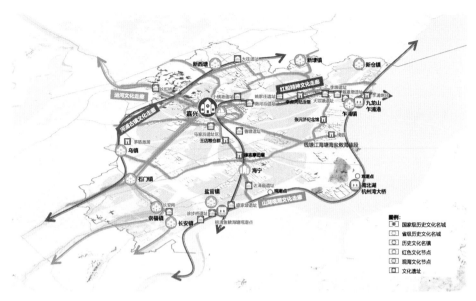

图8-15 魅力网联，打造全域生态一体化的大田园全景

色创新经济交流线、绿色生态野趣线、青色文化水乡线和金色都市品质游线；并在全域范围内打造多类型的"大师驿站"，最终"珠串网联"，形成全域生态一体化示范大田园的全景（图8-15）。

8.2 嘉兴城市百年节点的历史呈现

在建党百年之际，以沈磊教授为核心的嘉兴城市总规划师团队，以"体现党的宗旨、落实国家战略和不忘初心的行动"为规划目标，以"生态文明、城乡融合、产业兴旺、文化传承、区域统筹和人民幸福"为规划主旨，重点打造"九水连心、慢享古城、革命轴线、重走一大路、南湖周边风貌提升、人居环境综合整治、湘家荡科创园建设、北部湖荡城乡融合、高铁新城"九大板块为重要抓手，从顶层谋划、全局规划、管理贯穿、项目策划、实施把控5个层面完成了嘉兴整体战略格局和空间布局的全面谋划，以及"百年百项"重点工程的高质量实施，一年成型、三年成景、五年成势，在红船起航地实践了"城市总规划师模式"的规划治理创新，以规划之力推动人居环境的健康、和谐与可持续发展。

8.2.1　九水连心，城市特色塑造

嘉兴城市总规划师团队以整体性实施方法为指导，对重点片区和重点项目进行技术把控，特别是嘉兴市九水连心景观系统规划，对嘉兴市生态网络进行整体性构架，"九水连心"代表"九族同心"，是嘉兴城市全面更新战略的绿色发展引擎，是联系城乡和城区板块的重要纽带。通过对嘉兴水脉、绿脉、文脉的梳理，重点对"九水、十八园、三十六景"进行系统性景观布局和整合提升，整体构建"一心、两城、九水、八片、十湖"的城市空间结构，塑造嘉兴"一路亭台、两岸花堤"的城市人文特色，在建党百年时期全面呈现"秀水泱泱、文风雅韵、国泰民安"的城市风貌。

嘉兴市以汇集环城河向外放射的八大水系、十三大湖泊以及环城河、外环河为基础，形成"三环、十四湖、二片、九放射"的独特水城肌理。"一心、八塘、一港"的蛛网放射型水系和圩田聚落格局承载了嘉兴的运河文化、民俗文化、地域文化和红色文化，但现状城市建成区的开发建设严重压缩水系空间，局部河道宽度过窄，沿岸文化节点分散、绿地建设品质良莠不齐，难以形成连续的文脉系统和景观系统。在剖析这些现状问题、研究本底资源的基础上，嘉兴市总规划师团队提出了充分利用"九水"空间格局，融合自然图底、历史文化、人文生活，打造具有中国特色的江南水韵和特色水城的世界级人文景观，构架绿色生态水网交织的现代田园城市的嘉兴景观系统规划目标。在明确规划目标的基础上，2020年5月嘉兴市政府和总规划师团队共同组织"嘉兴市'九水连心'景观概念方案设计全球征集"活动，全球有超过8个国家和地区、42家优秀设计机构参与方案征集；6月开展第一轮专家评审会，公开评审遴选出12家优秀设计单位进行"九水"各标段的方案设计；7月开展第二轮专家评审会，公开评审遴选各标段最优方案，各方案均融合城市本底规划的思想理念体现"九水"在整体城市空间中的定位。

（1）基于本底研究的资源价值提炼与规划理念融入

嘉兴市"九水连心"景观系统规划，结合《嘉兴市城市总体规划（2017～2035）》《大运河（嘉兴段）遗产保护规划》《嘉兴城市水系规划》等上位规划，分析嘉兴"九水"的空间格局、文化印象、沿线建设等本底资源，对"九水连心"进行整体价值研判，确定"城、水、绿、文、势"五方面的资源价值。将"网、脉、镜"的概念融入景观系统规划中，通过蓝绿生态网、康体休闲网、文旅游憩网、水上交通网体现嘉兴水系的灵动和科技信息的流动；运用蓝脉、绿脉

和文脉营造诗情画意的意境，搭建生态经络与文化脉络，勾勒嘉兴的诗画岛链；将九水连心作为城市古今、城市形象的镜面，展现嘉兴品质与风采（图8-16）。

（2）基于文化提炼的总体形象定位与规划结构分析

"九水连心"景观系统规划将嘉兴市蓝绿空间分为3个层次，包括景观热点、以九水肌理为基础的线形廊道以及通过水系廊道串联的景观功能区。通过提炼不同层次蓝绿空间的文化特质，构建一幅"九水蜿蜒曲折，沿着秀美的水路，两岸亭台楼阁延绵不绝，柳丝拂岸，花团锦簇，点缀湖光水色"的山水全景长卷，将嘉兴写不尽的旖旎缠绵囊括其中，打造"两岸花堤，一路亭台"的总体形象。规划重点突出"水与岸""旅与文""点线面"的关系. 注重控制河道蓝线和绿线范围，提升河湖保护效果；通过梳理河、湖、湿地体系，丰富生态水景观层次，加强水绿空间的调蓄能力，规避洪涝风险，并增设不同生态措施和生物栖息地，提升河湖水质，完善生态系统，构建"九水、十八园、三十六景"的规划结构，集中展示"九水连心"的文化形象。

"九水连心"通过绿化、亮化、活化、文化、净化等五大景观设计规划措施呈现嘉兴城市景观风貌，具体包括：

1）"绿化"：通过林冠线控制、驳岸形式改造、绿化连续性等规划方法提升滨河绿化空间，打造特色植物景观。

2）"亮化"：根据九水沿线城市开发建设情况与河道自身特质要求，将九

图8-16 "九水连心"平面图

图片来源：图8-16～图8-19均引自：《嘉兴市"九水连心"景观系统规划》，中国生态城市研究院、天津大学建筑设计规划研究总院

水整体分为4个级别的照明管控分区，分级提出河道照明主题，包括南湖、环城河的一级照明区"辉煌华章"，苏州塘、杭州塘的二级照明区"锦绣运河"，新塍塘、长水塘、海盐塘、长中港、平湖塘、嘉善塘、长纤塘的三级照明区"魅力水畔"，石臼漾湿地、长水塘湿地、贯泾港湿地的四级照明区"灯火阑珊"等主题，利用绿化、广场、构筑物、道路、街道家具等不同物质空间的灯光组合烘托和营造节点景观气氛。

3）"活化"：结合景观节点构建水上交通流线，借助水上休闲活动功能，开发全年龄段亲水活动空间；结合已建城市绿道，构建循环绿道网络结构，按照服务功能、景观资源和场地空间特征，在"九水连心"沿线共规划3级、46个服务驿站。

4）"文化"：针对嘉兴的文化特质，挖掘并注入本土历史文化要素，以景观规划手段进行串联组合，形成连续的文化引力点，增强文化的影响力和渗透力；对树种、色系、含义等层面进行文化意象升华，融入文化要素，实现历史延续，提升城市文化内涵，打造以运河文化为主，红（红船文化）蓝（科创文化）青（历史文化）金（农业文化）绿（生态文化）为五色文化，园林文化、水利文化、石桥文化等多辅的文化格局；分别提炼"一心、九水"的景观文化特质，打造特色诗画廊道。

5）"净化"：规划划定河道管控线，禁止一切水直排，消除各类散排、农业面源等污染源，紧邻河道地块地表径流禁止未经处理直接排入河道，构建水质安全屏障，通过流量控制、沉淀池沉淀、机械曝气、生物净化以及水质监测等工程手段净化入境水体，建立链状湿地净化体系，修复生态系统。

（3）"九水连心"示范段概念景观设计

1）杭州塘三塔片区示范段

杭州唐三塔片区用地面积0.63平方公里，其中水域面积0.15平方公里，区域包括三塔公园、血印禅寺. 岳王祠、状元及第坊、西水驿等5处历史资源，现状建有大量老旧小区。该片区是嘉兴运河文化的核心代表，是嘉禾记忆的集中体现。但由于航运功能取消，三塔片区的核心价值逐渐减弱，标志景观不凸显，茶禅寺、明清牌坊群等重要的历史载体不复存在，沿河建筑风貌参差不齐，居住小区建筑立面老旧等问题凸显，因此在"九水连心"杭州塘示范段概念景观设计中，采用桥下步道贯通、恢复部分历史功能重塑历史文化印记等方法手段，打造"素手汲泉，清院幽禅"的意境，重点规划三塔公园、血印禅寺、岳王祠、状元及第牌坊、西水驿等景观节点，体验当年古人茗茶待客的快意生活（图8-17）。

图8-17 杭州塘景观设计平面图与效果图

2）长水塘示范段

"九水连心"长水塘示范段位于长水塘北侧，中环南路与长水路之间，全长约2000米，东临沪昆铁路线、南临长水路、西邻城市居住用地开发地块，北侧与西南湖隔中环南路相邻，占地面积约60公顷。长水塘中环南路至长水路段，长度约2公里，东岸绿地空间较大，宽度在150米到400米；西岸绿化空间较小，宽度约30米，正在进行景观建设施工。示范段概念景观设计方案延续西南湖放鹤洲的闲逸文化内涵，通过构建东侧被铁路线隔离区域的对外交通联系、建设内部绿道系统等方法手段，以"梅风鹤影，竹逸梨闲"的总体形象，以竹之七德"正直、奋进、虚怀、质朴、卓尔、善群、担当"为主题，营造"君子闲逸当守竹"的景观意境，规划设计为集文化体验、乐活休闲、康体健身、湿地科普、水质净化、生态防护等功能于一体的城市综合公园（图8-18）。

图8-18 长水塘景观设计平面图与效果图

3）长纤塘示范段

长纤塘景观方案示范段位于长纤塘中部，东方路与茶园路之间，全长约2000米，北临塘汇路、南临长纤塘路与凌塘璐，部分区段与城市开发用地紧邻，占地面积约35公顷。以"吴侬船歌、长纤丝语"为主题，通过长纤塘公园改造提升，沿途设置纤夫雕塑、船、纤夫石、纤夫道、纤夫桥等景观节点的规划设计方法，通过一条地景铺装纤绳串联塘汇，叙述长纤塘与纤夫历史文化，体现如今各行各业的"纤夫精神"传承，将区域打造成集纤夫文化体验、文化创意、康体健身、游憩休闲等功能于一体的文化创意公园，再现长纤塘作为古纤道时，百舸争流、帆樯林立的场景（图8-19）。

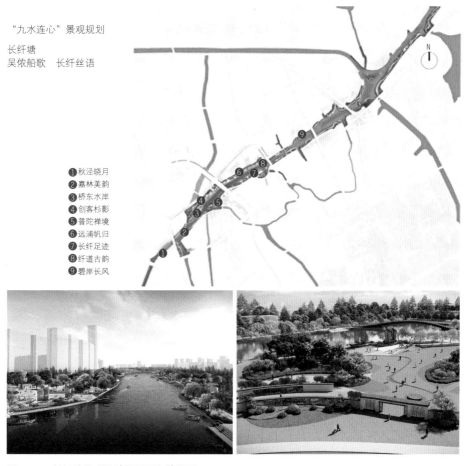

"九水连心"景观规划

长纤塘
吴侬船歌　长纤丝语

❶秋泾晓月
❷嘉林美韵
❸桥东水岸
❹创客杉影
❺普陀禅境
❻远浦帆归
❼长纤足迹
❽纤道古韵
❾碧岸长风

图8-19　长纤塘景观设计平面图与效果图

8.2.2　慢享古城，历史文化复兴

嘉兴文化资源丰富，城水相依、子城居中的老城格局有1800年历史。以中央文化轴为引领的嘉兴老城区混合了城市生活的鲜活与老建筑的深邃，完美展现了古今中外兼收并蓄的城市性格，是保留老城传统生活的鲜活样本。因此，在慢享古城中央文化轴详细城市设计中，总师团队通过对水脉、文脉、商脉、城脉的研判与思考，采用考古式的保护方法活化老城区的历史文化，打造最嘉兴文化休闲时尚体验地，重点把控实施少年路步行街、子城公园、子城客厅、府南街、日月桥、天籁阁、铜官塔、环境整治等一系列工程实施，实现老城区文化复兴、人居环境改善、活力繁荣兴旺。

中央文化轴作为嘉兴老城区的核心，肩负着文化复兴、活力导入、风貌彰显的发展使命，是最嘉兴、最休闲、最潮流、最深度的文化休闲体验目的地，由少年路段、紫阳街段、府南街段即小街巷段组成，南北联通南湖景区和月河街区，其中主轴长约1580米，周边有多个城市公园，城市道路网组织结构完整。中央文化轴以子城天主堂为核心，南连北延，东拓一大路沿线重要点位，与城市1.5环形成完整体系。在中心城区城市风貌总体协调、把控的基础上，采取"慢享十一坊、加密步行网络、联通核心资源、蓝绿营城、拆危显文"等规划策略，形成"一路两街九弄的后市、一府两区的府城、一轴两桥的府前"的总体格局（图8-20）。

（1）子城古城客厅

嘉兴子城是嘉兴历史文化名城的核心文化遗产，是嘉兴"州府城市、运河枢纽城市、近现代工业城市特色兼具的历史城市特色"的重要体现。

子城，相对于罗城而言，指地方城市中的"城中之城"，是一定历史时期内州、军、府城的常规形制。嘉兴子城位于罗城中心偏东南区域，长期作为城市中心，所奠定的内外双重城的城市格局对嘉兴城市发展的影响延续至今。方志中关于嘉兴子城宋代建筑的记载并不详尽，结合明清时期子城建筑布局，参照临安府、平江府、严州府等宋代子城格局特征，对宋代嘉兴子城格局进行推测。从历史资料可知，宋代各地子城格局虽各有差异，但中轴线府治空间建筑格局遵循定制。除长官治所外，子城内还设有长官宅圃、府库、其他官吏廨署以及军事场地等（图8-21）。1981年，子城公布为嘉兴市市级文物保护单位，保护范围南至府前街道路边、北至中山路道路边线、西至紫阳街道路边线、东至洲东湾（建国南路）道路边线，面积约7.57万平方米。2005年，

（a）中央文化轴区位

（b）中央文化轴总平面图

（c）中央文化轴鸟瞰图

图8-20　中央文化轴

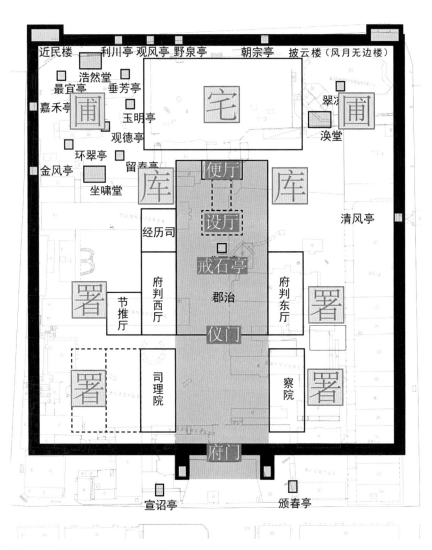

图8-21　宋末嘉兴子城格局推测图

嘉兴子城被列为第五批省级文物保护单位。2010年公布子城保护范围及建设控制地带，保护范围包括谯楼及两翼城墙。子城范围内另保存有民国绥靖司令部营房4座，为日式建筑。2010年嘉兴子城被公布为市级文物保护单位。经2014~2016年子城遗址考古发掘后，2017年2月，嘉兴子城遗址被公布为第七批省级文物保护单位，与第五批省级文保单位嘉兴子城合并，包括地上遗迹谯楼及两翼城墙、民国绥靖司令部营房和地下考古遗址多处。

通过对长三角地区旅游发展格局的整体研判和嘉兴子城遗址优势特征的综合分析，嘉兴子城古城客厅改造工程项目以子城遗址为依托，整合嘉兴城市历史文化要素，融入现代城市功能需求，以中华传统文化的弘扬及文化遗产的惠及于民为目的，展示嘉兴子城的悠久历史与文化价值，融合历史体验、科研教育、文化交流、休闲游憩等多种功能，使之成为"千年嘉兴城的朱砂痣、民众共享的城市客厅、运河文化带的金盘扣"。通过遗址本体的保护展示、多业态进驻激发遗址活力，联通运河展示路线等手段使嘉兴子城古城客厅承担起嘉兴古镇旅游集群式发展的动力引擎（图8-22）。

子城古城客厅西北角的嘉兴子城保护与展示大棚，是将原荣军医院门诊楼降层改造成为展示空间，但由于原建筑处于危房，嘉兴政府已将门诊楼拆除。公园西北侧已考古发掘子城北城墙墙基考古剖面，该剖面生动直观地展示了嘉兴子城从五代至清朝城墙的演变，极具考古展示价值，在此处建设子城保护与展示空间，在对城墙遗址进行有力保护的同时，亦可结合遗址实物，让人们系统地了解嘉兴城市发展史，展示从春秋以来，历经唐、五代、宋、元、明、清各朝代近1800年城市的发展轨迹，感受嘉兴城市历史的发展历程，加深对嘉兴历史的理解。

结合子城城墙遗址保护的总体设计思路，以保护和展示子城西北城墙遗址为主，设计嘉兴子城保护与展示大棚，兼顾子城公园和相关配套展示需求。根据涉建范围内的城墙遗址情况，分类进行保护和展示，如北城墙保存较好，采取"露明展示+覆棚保护"。简化建筑外立面，表达中国传统建筑意向，降低高度，缩小体量，色彩选择与遗址景观风貌相协调。建筑建设范围限定在原荣军医院门诊大楼基础范围内，为展示和保护城墙遗址提供有利条件和延伸空间（图8-23）。

嘉兴天主教堂，位于子城遗址西侧，为哥特式拱形建筑群，1930年由意大利籍神父韩日禄主持兴建。主体建筑有教堂、钟楼，周围有神父楼、神职人员住房等建筑。2005年被公布为浙江省文物保护单位，2013年被公布为全国重点文物保护单位（图8-24）。

（a）总平面图

西区
1. 沈曾植故居文化坊
2. 茶馆书房
3. 嘉兴影城（电影和戏剧）
4. 嘉兴圣母天主教堂
5. 圣母堂下沉广场
6. 时尚步行街
7. 嘉兴天地
8. 城市之光LED屏
9. 六星级酒店
10. 酒店式公寓
11. 庭院

东区
12. 诚品工作坊
13. 诚品实验馆
14. 文创市集广场
15. 嘉兴博物馆
16. 嘉兴花博区
17. 子城茶屋
18. 戒石亭
19. 遗址步道
20. 嘉兴露天大剧场
21. 园林雕塑
22. 子城城门
23. 子城广场

（b）鸟瞰图　　　　　　　　　　（c）实景鸟瞰照片

（d）实景局部照片

图8-22　嘉兴子城古城客厅
图片来源：《嘉兴子城遗址公园设计项目》，浙江省古建筑设计研究院、浙江工业大学

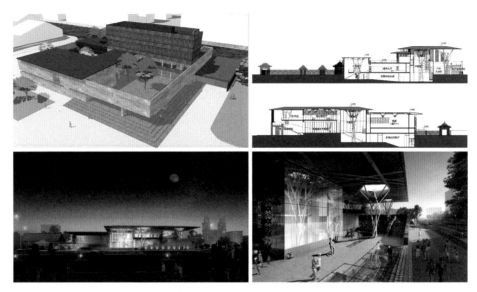

图8-23 嘉兴子城保护与展示大棚效果图
图片来源:《嘉兴子城保护与展示大棚设计项目》,北京惟邦国际设计集团

（2）日月桥

"日月桥"的建设是打造"江南慢享古城"中央文化轴线中联系"子城—壕股塔"、联系老城与南湖重要的一环。从子城到南湖壕股塔需要从西侧紫阳桥绕行过岸,而该桥以车行为主,人行须与车行一同下穿铁路。嘉兴城市总规划师沈磊教授勾勒"日月壕股"方案,在府南街尽端,增设一处跨过环城河及铁路的人行桥,有效延续子城—壕股塔轴线的观览路径,完善环城河两岸子城和南湖公园的慢行连接系统,打造嘉兴的新名片——"日月壕股"。"日月壕股"将老城中央文化轴与南湖链接,设计跨环城河的月牙拱和跨铁路的圆弧拱,与壕股塔形成良好的对景关系,方案借鉴古桥中圆弧拱及月牙拱两种拱洞形式,主桥日桥及月桥采用桥宽变化的平面形式,曲线形平面造型优美,结合桥体主次关系,运用金属材质与玻璃材质形成虚实相间的运用（图8-25）。

（3）少年路步行街区

通过对嘉兴少年路步行街区的现状特征进行分析,提出"一轴穿越古城千年,文化描绘街区画卷;若水行舟红色记忆,文兴商盛城市客厅;创新传承禾城文脉,诗画江南国际展示"的设计愿景。通过文脉植入展现嘉兴特色,延续老城历史,同时通过建筑改造与业态混合提高街区活力、领略现代时尚,对场地景观进行设计,打造多元空间体验与多样性的公共空间,并运用"5G+"智能技术引领未来科技,展现高科技与时尚风标（图8-26）。

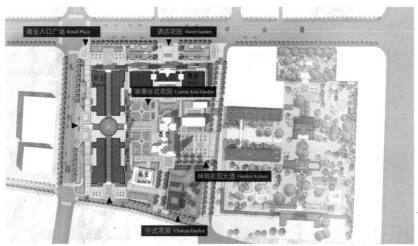

（a）总平面图

（b）天主教堂现状照片

（c）效果图

图8-24　嘉兴天主教堂

图片来源：《嘉兴天主教堂（圣母显灵堂）文物修缮项目》，明悦事务所、浙江省古建筑设
计研究院

（a）总平面图

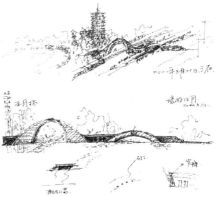

（b）设计手稿（图片来源：沈磊）

（c）效果图

图8-25 日月桥

　　少年路步行街对标世界级步行街，以艺术化的地面铺装展现嘉兴地域特色；通过连续的展示橱窗设计，集功能与美感于一体，塑造街巷空间连续性，使其成为吸引消费者的重要媒介；增加外摆区域，提升商业气氛，汇聚人气；增加大的品牌旗舰店，充分利用旗舰集聚效应带动商业发展；混合商业、文创、办公和住宅功能，呈现多样化业态；在植物配置方面，增加绿化植物以及功能化和主题化的各类植物，营造统一完整的特色步行空间，增强城市印象；统一设计标识系统，提升步行街区识别感，并以雕塑的形式拓展城市历史文化内涵，提升城市品位；传递人类情感，勾起人们对更多历史的回忆（图8-27）。

　　嘉兴天籁阁位于少年路街区东部，东依瓶山公园，南侧为嘉兴子城和嘉兴天主堂。天籁阁所在的少年路段规划为"一街两巷九弄七里"的慢行街区。天籁阁为东巷的重要节点、瓶山里（天籁里）的核心。在规划价值定位上，天籁阁承担着"以阁承文脉复兴"的使命，以期成为嘉兴新的文化品牌。

（a）平面图

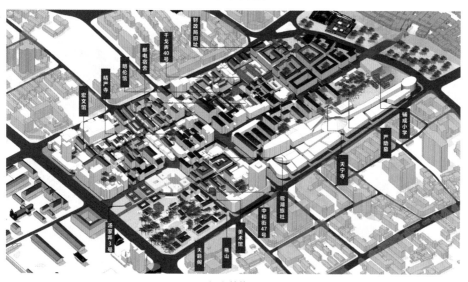

（b）结构图

图8-26　少年路步行街区平面图与结构图

图片来源：图8-26、图8-27均引自:《嘉兴少年路改造提升设计项目》，上海波城建筑
设计事务所有限公司Boston International Design Group

图8-27 少年路效果图

天籁阁是项元汴的藏书楼,是项家宅园的一部分,位于城内瓶山西侧的灵光坊。所藏遍及书籍、书画、金石、彝器、墨砚等文房雅玩,皆为精品,历代书画上其钤印量仅次于清代皇帝乾隆。天籁阁是文人集会交游之所,风雅之士慕名选至,登瞻天籁阁,求访项元汴,以观赏珍玩名画为快,"所与游皆风韵名流,翰墨时望"。明四家的文徵明、仇英与项家交往甚深,董其昌、文寿承、陈淳、何良俊、陈继儒等明代大家皆受益于天籁阁所藏。天籁阁毁于明末,明末清兵至,包括藏书楼在内的项氏宅邸大半毁于战火。项氏之藏,尽为千夫长汪六水所掠。后清乾隆帝六巡江浙,重访天籁阁旧址,御制天籁阁诗,并在避暑山庄建天籁书屋,选天籁阁旧藏书画置于其中。

天籁阁复建方案设计方向选择明代建筑风格,选取"明代""嘉兴地区"为时代和地域特征,以景观楼阁为形式特征(三重檐楼阁,攒尖十字脊屋顶,四出抱厦),以阁为中心的总体布局,亭廊、植物等景观要素围绕天籁阁展开布局。复建方案对建筑群与外部的关系进行设计,主入口南部广场与少年路入口广场相结合统一设计,入口打开,并作线性引导。子城经地下通道过来的人流、有轨电车的人流、少年路广场的人流,均经此广场引导进入天籁阁(图8-28)。

图8-28　天籁阁平面图与效果图

图片来源：图8-28、图8-29均引自：《嘉兴天籁阁复建设计项目》，浙江
省古建筑设计研究院

　　铜官塔始建于五代或北宋，清光绪三十年（1904年）重修，于1966年拆除。原铜官塔为宋代风格砖塔，八面七级仿木楼阁式，底层设须弥座，以上各层设平坐、腰檐、勾栏。每面设有壸门、直棂窗，高度10余米。嘉兴铜官塔重建方案设计选取铜作为建筑材料，铜常常作为传统建筑复建的现代表达，选址位于少年路步行街中央，与步行街较为融合，并可结合灯光秀成为地标。以铜作为材料，可规避砖石塔因材料产生的结构局限，可使复原塔的出檐更加深远，塔的形态更加优美（图8-29）。

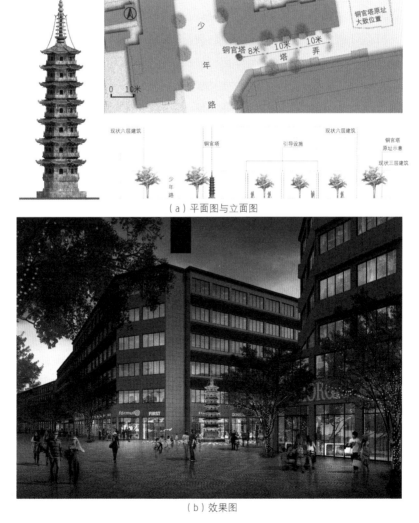

（a）平面图与立面图

（b）效果图

图8-29　铜官塔

8.2.3　革命轴线，红色主题彰显

嘉兴作为党的诞生地与红船精神的发源地，希望将新文化轴线打造成红色
文化圣地的核心轴线，位于城市正中心，与南湖心、红船、南湖水岸、革命纪
念馆、七一广场、体育馆形成新的文化轴线，是"九水归心"之处，也是为新
文化轴线的起点。

在嘉兴城市总规划师团队的宏观把控和整体协调下，以南湖革命纪念馆为
核心，进行中轴线详细城市设计。中轴线北起南湖，南至中央大道，是一条以
自然景观、文化纪念建筑、公共建筑群、城市开放空间、城市绿化走廊为系统
的城市文化及生态主轴线。中轴线详细城市设计借鉴经典城市布局的公共开放
空间特色，打造开放包容的城市公共区域，营造城市核心区，将公共空间还于
市民，将城市重大公共与主题特色活动引入核心区，形成开启嘉兴市新的历史
机遇期的重要节点；同时也对区域内的新建建筑及建筑改造设计、市政道路交
通建设及改造设计、景观绿化建设及改造设计、夜景泛光照明建设及改造设计
等内容提出设计指引和标准要求；最终，以中轴线展现嘉兴"九水间、南湖畔、
百年圆梦忆红船"的景象，将南湖革命纪念馆区域打造成"红船肇始、嘉禾宜
居"的文化景观绿核。在规划目标与设计理念的指引下，通过南湖将古城轴线
与南湖纪念馆轴线连接在一起，实现"九水连心"的整体架构（图8-30）。

南湖轴线中各景观要素的控制和引导，尊重自然及城市历史机理，遵循城
市发展脉络，通过整合区域资源完善区域生态及空间资源；提升公共开放空
间、滨水空间、公共配套设施的品质及联系，重点突出南湖革命纪念馆的主体
地位，营造绿色、生态、可持续的区域生态环境（图8-31）。

南湖轴线中最重要的是体育中心的改造，由于现状体育场南北看台阻碍城
市视觉通廊，体育场向心封闭，罩棚体量巨大，建筑形式与南湖纪念馆形成鲜
明对比。因此，嘉兴城市总规划师团队在把控全域城市风貌特色的基础上，对
现状体育场进行改造，去除罩棚，压低空间，打通南北部看台，将轴线序列上
的建筑与广场空间重新整合，形成和谐统一的一组空间。

体育中心改造提升遵循以人民为中心的功能定位，集政务服务中心、规划
展示中心、文化艺术长廊、游客（市民）服务中心于一体，丰富白天晚上全民
健身与嘉年华、文艺演出等全时段业态，打造多元的、活跃的、积极的城市中
心。保留草坪、跑道、看台等设施，提升供市民健身活动与休闲的功能；完善
场地、看台、座椅及配套设施，满足大型文艺演出、嘉年华活动等需求。采用

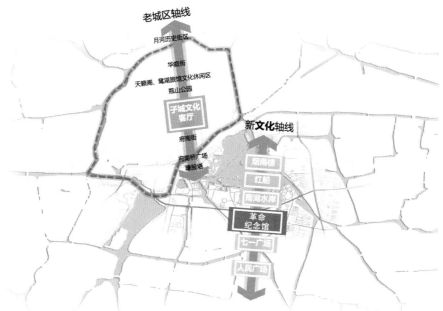

图8-30 古城轴线与南湖轴线关系示意图
图片来源：图8-30～图8-32均引自：《南湖纪念馆轴线城市设计》，中国生态城市研究院、天津市建筑设计研究院

（a）南湖轴线结构示意图　　　　　　　　　　　（b）南湖轴线平面图

（c）南湖轴线鸟瞰图

图8-31　南湖纪念馆轴线城市设计示意图

生态为先、节约集约最小干预的改造策略，保留原建筑结构，适度改造，尽可能保留城市记忆，打造以最小改造代价获得最佳改造成果的绿色建筑；延续我国传统空间序列，抽取革命纪念馆设计元素，改造建筑里面，在形式与材质上与纪念馆形成遥相呼应的建筑组群，打造嘉兴特有的礼乐相宜的复合城市公共空间（图8-32）。

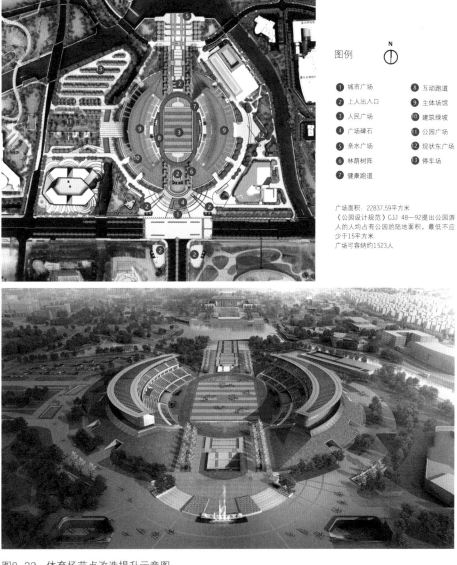

人民广场总平面图

图例

① 城市广场
② 上人出入口
③ 人民广场
④ 广场碑石
⑤ 亲水广场
⑥ 林荫树阵
⑦ 健康跑道
⑧ 互动跑道
⑨ 主体场馆
⑩ 建筑绿坡
⑪ 公园广场
⑫ 现状东广场
⑬ 停车场

广场面积：22837.59平方米
《公园设计规范》CJJ 48—92提出公园游人的人均占有公园的陆地面积，最低不应少于15平方米
广场可容纳约1523人

图8-32　体育场节点改造提升示意图

8.2.4 重走一大路，革命记忆永存

重走一大路是以纪念建党百年为契机，围绕"不忘初心地"和"走新时代路"为主题，在挖掘历史文化、展现风貌特色基础上，全景重现中共"一大"南湖会议重要节点，精心打造嘉兴"红色文化"特色品牌，进一步彰显江南水乡城市魅力风采。

嘉兴城市总规划师团队通过整体性把控规划目标、技术性指导规划实施等方法，以高起点定位、高水平规划、高标准建设、高强度推进为基本原则，以城记事，以复建的嘉兴火车站老站房为起点、鸳湖旅馆为终点，串接革命事件、斗争路线以及嘉兴古城的历史各个片段；同时，在整体片区提升上，以"重走一大路"的城市规划建设为契机，对于沿线片区，特别是嘉兴老城区内部的人居环境进行综合提升，体现一大路红线建设对于民生的引领作用，力争将这一片区打造成"品质嘉兴"建设中最核心、最精彩的篇章，成为嘉兴红色旅游的一条精品线和一张金名片（图8-33）。

嘉兴"重走一大路"沿线包含嘉兴火车站、宣公弄片区、狮子汇渡口等重要节点，改造原则本着展现当地特色，满足使用需求，降低改造影响，因地制宜并体现城市分区空间结构。"重走一大路"路线总长2.5公里，包括3个红色主题街区和两片青色主题公园，线路由红线和铜钉作为引导，结合历史事件、场景和人物精神设置原址铜钉、叙事铜钉、红船精神铜钉和重要景点铜钉，并沿路在线路转折处设置引导性铜钉，用以串联整条"初心之路"，彰显中国共产党的创新精神。

"重走一大路"线路中嘉兴火车站—宣公弄段线路全长约563米，线路途经区域建筑环境风貌的空间属性多样，涵盖了火车站集散、红色历史展示、商业配套、居住小区、教堂、公园、商业街道、历史建筑等多种空间功能，综合考虑各个区域的风格不同街道属性不同，规划设计以凸显"一大路"独特历史地位的符号语言为核心，采用火车站嵌入铜条、宣公弄段加入"红砖+铜条"的现代化手法呈现对不同区域特征的回应。狮子汇为渡口名，在环城东路宣公桥南，改造后的狮子汇渡口将形成嘉兴环城河一处重要古城遗迹红色记忆的综合性地标景观，市民及游客可在古城墙公园内休憩，了解这座古城的发展与变化，可登上渡口城墙远眺、感受历史视角的江南水乡文化，同时这里也是"中共一大南湖会议渡口旧址"的红色圣地（图8-34）。

1. 时光广场
2. 嘉兴老故事展馆
3. 宣公祠
4. 狮子汇码头
5. 狮子汇旧址
6. 2021广场
7. 鸳湖旅馆旧址
8. 鸳湖旅馆
9. 汤家弄三号

（a）总平面图

（b）鸟瞰图

图8-33 "重走一大路"总平面图与鸟瞰图
图片来源：图8-33、图8-34均引自：《"重走一大路"城市设计》，中国生态城市研究院、天津筑土建筑设计有限公司

（a）宣公祠效果图

（b）狮子渡口效果图

图8-34 "重走一大路"重要节点效果图

（c）实景照片

图8-34　"重走一大路"重要节点效果图（续）

图片来源：《宣公祠设计》，上海同济城市规划设计研究院；《狮子汇渡口景观设计》，PFS Studio；《一环四路景观设计》，PFS Studio

8.2.5　南湖周边，重塑魅力湖畔

南湖是嘉兴的客厅与核心场所，南湖周边地区的开发与建设应为老百姓提供高品质的公共活动空间。总规划师团队通过对南湖周边地区的本底规划研究，结合绢纺厂、南湖中学、南湖革命纪念馆、红船及烟雨楼、老码头、南湖水塔等在地保护建筑，打造集休闲、商业、娱乐、工业遗产保护等功能混合的"南湖天地"，成为嘉兴老百姓共享的开放空间，占地面积300亩，总建筑面积22万平方米，其中有16万平方米的地下建筑面积，成为嘉兴市新晋的网红打卡地，重塑嘉兴魅力湖畔。经过总规划师团队、设计与建设团队的共同努力，

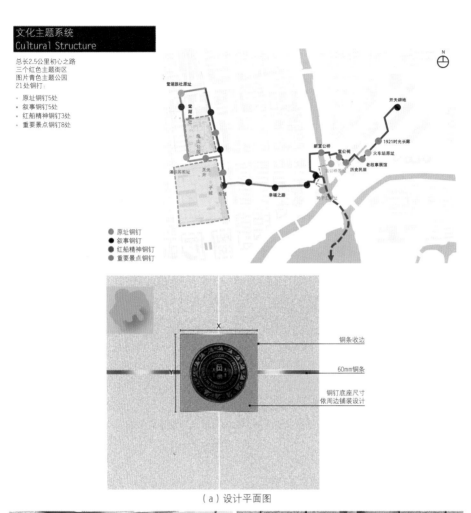

（a）设计平面图

（b）实景照片

图8-35 "重走一大路"铜钉设计

南湖天地于2021年6月19日开放，日游客量10万人以上，激发了嘉兴城市活力，体现了嘉兴"江南韵、国际范"的城市特色，得到市民的高度认可。

南湖周边地区的规划设计以嘉绢纱厂为核心，以南湖书院和革命老馆为重要节点，结合党建广场、南湖广场、迎宾广场和滨水花园等开敞空间，依托延伸的城市绿带，形成"一芯两核、六大团组"的空间结构，其中党建广场团组联通革命老馆、鸳湖旅社、古牌坊渡头3个重要文化建筑，打造区域党建焦点，成为重走一大路南湖段的门户空间；鸳湖里弄团组以现代的手法演绎在地风貌；嘉绢纱厂团组尊重原建筑肌理并融合创新元素；南湖书院团组重点演绎工业建筑风貌，营造时代气息，对比突出老建筑；滨水绿带和滨水花园团组通过单车、步道、跑道等绿色景观动线与咖啡厅、茶局、书店等静态休闲设施，共同打造市民休闲、游憩、交往的特色场所（图8-36）。

另外，在对嘉兴城市风貌特色的整体把控与协调下，总规划师团队对南湖周边地区的建筑高度进行统筹，以南湖湖心岛为核心，半径500米范围内的建筑限高为9米，其他建筑限高则为12米，保证了南湖天地的建筑风貌与中心城区的城市风貌协调统一，共同缔造美好家园。

8.2.6 环境整治，人居品质提升

嘉兴是马家浜文化的发祥地与吴越文化的传承地，悠久的历史传承和改革发展实践，既凝练了嘉兴"崇文厚德、求实创新"的人文精神，又彰显了"越韵吴风""水乡绿城"的文化底蕴和生态特征。历史文明与现代文明在这里相互融合、交相辉映。随着经济产业的快速发展，嘉兴也迎来了城市的快速发展与扩张。建党百年正处于我国城市从外延扩张向内涵增长的转型时期，这对于嘉兴城市高质量发展和品质提升提出了更高要求，也对城市精细化管理提出了更高要求，不仅体现在城市形象更加整洁、天际线"颜值"越来越高，还渗透进居民生活的方方面面。涉及人民民生的环境整治与品质提升项目才是实现"全面小康，一个都不能少"的民心工程。

因此，针对嘉兴中心城区的城市环境问题，嘉兴城市总规划师团队在中心城区品质提升工作的阶段性成果基础上，坚持"人民城市人民建，人民城市为人民"工作理念，围绕"抓点、连线、扩面"精心规划建设，贯通"断头河"，消灭"拎马桶"，整治"筒子楼"，告别"城中村"，呈现嘉兴人居环境的底图。沈磊教授带领的总规划师团队到达嘉兴后，重点开展了"拎马桶、筒子楼"革命以及"菜市场革命"和"公厕革命"。

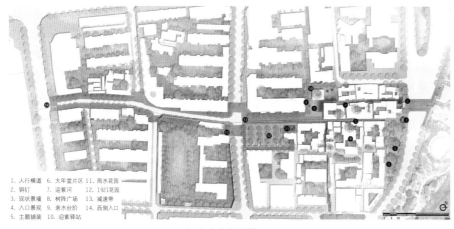

1. 人行横道　6. 大年堂片区　11. 雨水花园
2. 铜钉　　　7. 迎紫河　　　12. 1921花园
3. 现状景墙　8. 树阵广场　　13. 减速带
4. 入口景观　9. 亲水台阶　　14. 西侧入口
5. 主题铺装　10. 迎紫驿站

（a）府东街平面图

（b）府东街沿街效果图

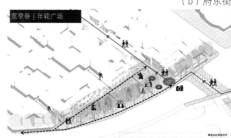 

（c）窄巷段

1. 主题铺装
2. 行道树
3. 雨水花园
4. 台阶
5. 树池
6. 数字坐凳
7. 减速带

（d）宽巷段

图8-36　大年堂片区改造鸟瞰图
图片来源：《大年堂片区改造设计》，天津筑土建筑设计有限公司

图8-37　南湖天地现状鸟瞰照片

（1）着眼"点上出彩"，切实增强群众获得感

总规划师团队协同各级政府、建设团队全面启动老旧小区改造，对24个老旧小区进行系统的人居环境改造与品质提升，通过依法拆除违建、管道改造、整修外立面和公共部位、停车扩容、完善邻里服务设施、美化环境、打造智能社区等，打造人性化生活空间与全龄化活动场所，实现品质小区、健康小区，切实增强群众获得感。同时改造和新建公共卫生间100座、农贸市场2座、口袋公园和精品公园11座。在总规划师团队的精准规划、整体把控、多方配合下，用时10个月使1639户困难居民告别了住在"筒子楼"、过着"拎马桶"的生活；同时建设了兼具烟火气与智慧感的"幸福里"网红菜场，不仅改变了脏乱差形象，还提供产品溯源、农药检测、网络配送等服务；提升公共卫生间87座，特别是打造了10座"禾城驿·温暖·嘉"驿站，把单一的公共厕所改造为集阅读、交流、休憩等为一体的公共服务综合体。同时在城市风貌特色的指引与管控下，整治各类户外广告牌、拆除各类违法建筑，有效整治嘉兴市的"脏乱差"现象（图8-38）。

（2）着重"线上成景"，有效提升城市品位感

嘉兴城市总规划师团队结合"一环四路"城市设计，将"完整街道"设计理念融入"以人为主的街"和"以车为主的道"的环境品质提升中，重点关注5条样板路：中环南路为城市南大门品质交通主干道，无缝衔接南湖大道；城南路为慢享古城南通道；禾兴北路为慢享古城北通道；农翔路、吉水路为践行完整街道设计理念的综合性街道，对道路提升、景观绿化、城市家具等进行整体性改造提升，全力推进道路工程、桥梁工程、给排水工程以及照明亮化、智能交通、多杆合一、城市家具、海绵工程、景观绿化等内容的规划与建设，力争做到"一条道路就是一条风景线"，有效提升城市的环境质量与街道品位。

（3）着力"面上提质"，力求赢得社会认同感

为了实现点线面多方面的城市品质提升，嘉兴城市总规划师团队通过九水连心景观系统规划、慢享古城中央文化轴城市设计、一大路城市设计等全域、中心城区、老城区的规划成果，统筹协调各版块，打破条块分隔，穿点成线、连线成片，全力规划与建设人性化城市、人文化气息、人情味生活的4个示范"活力街区"。在统筹与协调过程中，重点围绕"九水连心"的城市形态，一方面针对各改造片区，结合属地社区的文化特质，将"水乡文化""禾城元素"融入片区的改造提升中，实现传承地方历史文化和改善人居环境有机统一；另一方面，面向嘉兴全域，将改造片区与嘉兴市7类特色风貌分区进行整体统筹，

（a）"拎马桶""筒子楼"革命

（b）"菜场革命"

图8-38 人居环境综合整治

望湖路驿站改造前　　改造后

洪兴路驿站改造前　　改造后

（c）"公厕革命"

图8-38　人居环境综合整治（续）

以老城为中心，圈层控制开发强度，实现整体圈层抬升的空间形态；以圈层抬升形态为基础，刻画中心及重要沿街立面，形成空间制高点，细化丰富城市空间形态。最终，通过点、线、面三方面的人居环境整治传承历史文脉、彰显建筑特色、顺应时代发展、坚持世界眼光，突出展现嘉兴"红船魂、运河情、江南韵、国际范"的特色定位，打造具有国际化品质的江南水乡历史文化名城。

8.2.7　科创湖荡，人才创新高地

湘家荡科创园区是嘉兴产业三级联动的核心大脑，是示范启动的科创引擎，以突出的生态优势打造全球最佳人居环境，汇聚全球顶级人才，导入高能级科创产业，提升G60运输能级，放大G60科创要素赋能。

湘家荡区域总面积45.25平方公里，近十年区域面貌实现蝶变，经济社会发展取得明显成效。在湘家荡科创园区的规划设计过程中，坚持"科创区+风景区"双轮驱动，依托教育、科研、人才优势，集合嘉兴区位、产业优势，打

造绿色生态引领、创新产业集聚、产城景高度融合的活力新城，打造世界一流科研、创新、制造产业集群，全力推进"大通道、大花园、大平台"建设，借助长三角一体化战略机遇，实现资源高度共享发展，助推区域高质量发展。

嘉兴与中国电子科技、军科院达成全面合作协议，共建南湖研究院及南湖实验室，从中电科引入5支顶尖团队、5大未来科技研究领域、500个博士，从军科院引入5位院士或将军领衔的科研团队。重点推进"两院两园"建设，即与中电科共建南湖研究院，融合现代研发功能于中国传统建筑，营造高效科研环境与舒适人居环境，体现预警机精神与红船精神（图8-39）；与军科院共建南湖实验室，形成"共享交流、集约高效、弹性生长、诗意江南"的科创园区（图8-40）。同时，清华大学航空发动机研究院分院也落户嘉兴，北京理工大学与嘉兴市人民政府就共建北京理工大学长三角研究生院达成一致，均为嘉兴带来更多的发展机遇。

8.2.8 秀水新区，城乡融合样板

秀洲区位于太湖生态核心的东南侧，毗邻两大生态廊道，是长三角核心区的生态腹地，是太湖东流域长三角生态涵养区的重要组成部分。2004年3月，时任浙江省委书记的习近平同志到嘉兴蹲点调研，并召开了全省统筹城乡发展、推进城乡一体化的工作座谈会，明确指出："嘉兴所辖五个县（市）在全国百强中都居前50位，城乡协调发展的基础比较好，完全有条件经过3至5年努力，成为全省乃至全国统筹城乡的典范"。随后市委市政府提出了构建城乡空间布局一体化、城乡基础设施一体化、城乡产业发展一体化、城乡劳动就业与社会保障一体化、城乡社会发展一体化、城乡生态环境建设与保护一体化等6个一体化。2008年，市委市政府在前期工作基础上又深化开展了以"十改联动"为核心的统筹城乡综合配套改革，秀洲区深入贯彻落实市委市政府的工作部署，结合秀洲区实际，全力推进各项改革任务。

在新时代背景下，为实现城乡融合与国土空间现代化治理，嘉兴城市总规划师团队与秀洲区各主管部门、主体镇、重点企业进行深入座谈与对接，通过充分的本底规划研究，进行秀洲区城乡融合发展试验区总体规划，充分认知秀水新区的生态本底与湖荡网络，提出秀洲城乡融合的总体目标，即将秀洲区打造成最具江南水乡特色的"水融城乡、湖链秀洲"，重点打造6个高地，包括城乡融合发展试验地、长三角一体化协同地、EOD模式的探索地、生态价值高

图8-39 中国电子科技南湖研究院
图片来源:《嘉兴南湖实验室建筑设计》, 清华大学建筑设计研究院庄惟敏院士团队

里庄港鸟瞰

园区水巷

图8-40　嘉兴南湖实验室
图片来源:《嘉兴南湖实验室建筑设计》,清华大学建筑设计研究院庄惟敏院士团队

地、创新产业集聚地和品质生活承载地，倡导新时代高质量生活生产生态结合方式，提高秀洲的城乡风貌，实现城乡互动互补。

秀洲区城乡融合发展试验区总体规划以秀水新区、湖荡区、湘家荡为先导，以现状万亩农田、森林公园为基底，将自然水景与城乡融合示范相结合，构建人与自然和谐共生的生态格局，营造全域功能与风景共融的城乡空间格局，培育创新链与产业链共进的产业体系，塑造江南韵、小镇味和现代风共鸣的生活场景，建设公共服务和基础设施共享的智慧支撑系统，整体性打造国家级湿地公园，推动秀洲区成为一个与自然相融、与繁华相邻的地方生态住地，世界城市群的绿色治理典范功能融合，城乡要素双向流动全国标杆产业协同，平台联动全要素的网络格局文化保护，构筑传统特色文化区域地标江南水韵，营造全球独有人居环境风貌。

秀水新区作为秀洲城乡融合发展规划中的三大组团之一，是城乡融合改革先行先试的重点片区，总面积190平方千米，现有1处国家级湿地公园，1处省级湿地公园；秀水新区河港纵横交错，湖荡连片，水面率28%，有莲泗荡、梅家荡、京杭大运河等约51个湖荡，其中荡漾面积在1000亩以上的有12个，有陆家荡、梅家荡、莲泗荡、北官荡、南官荡、东千亩荡、西千亩荡等多。秀水新区规划以EOD发展模式为核心，通过生态价值体现、城乡分类施策、要素双向流动、江南水运彰显、项目实施落地等策略来实现未来繁华都市发展目标，重点发挥秀水新区的科创研发、专家公寓、旅游民宿等新功能，推动秀洲区打造成为"环千亩荡科学产业生态村落集群"（图8-41）。

8.2.9　高铁新城，区域战略枢纽

嘉兴位于全国最高经济能级的核心腹地、长三角核心区的上海大都市圈，是全国唯一毗邻4个万亿级城市，能以半小时通勤串联4个高经济能级核心的节点；也是打造长三角一体化国家战略、落实交通强国要求、提升嘉兴中心城市能级的重要平台。

在高铁网络不断加密的态势下，嘉兴已由单中心集聚快速进入多中心网络发展阶段。嘉兴南站作为上海虹桥枢纽南溢的第一站，是嘉兴市能级集聚与提升的重要发力点，也是其积极融入长三角的战略支点。

嘉兴城市总规划师团队在高铁新城规划与建设过程中创新地采用"1+8"的工作模式，以总规划师团队的规划总控为核心，通过本底规划研究、国际方案征集等规划手段，从城市设计、地下交通、综合交通、市政设施、产业发

图8-41 秀水新城未来发展愿景
图片来源：《秀洲城乡融合发展规划》，中国生态城市研究院

展、CIM系统、花园城市、生态城市等8方面进行高铁新城的专项规划与研究，通过专业整合，实现规划成果落地实施，共同打造面向长三角一体化发展的区域战略枢纽。

高铁新城与老城形成"双中心"发展格局，规划范围包括站城一体化区域1.31平方公里、余新片区21.55平方公里、协调区域7.71平方公里，规划有5条高铁，包括沪昆高铁、通苏嘉甬铁路、沪乍杭铁路、沪杭城际铁路、嘉湖城际铁路，以及3条轨道线、3条有轨电车、1条水上巴士；站场规划10台26线，规划结构为"一个活力中心区、一条南北中轴线、两篇生态田园带、五条东西休闲廊、六大特色功能区"（图8-42）。

嘉兴高铁新城采用TOD开发模式，建设站城一体综合体，交通枢纽与城市立体互联，引入多元设施与生态湿地，成为都市繁华与田园悠闲兼得的旅游目的地。在生态修复与保护方面，利用高铁站点的集聚效应，打造充满活力的长三角创新交流共享区优美生态的自然环境、多元包容的文化氛围、人人共享的服务设施，激发都市创新活力与现代江南风貌：城市融合自然，营造万亩江南湿地里的高铁创新城，传承江南文化基因，建设富有江南韵味的诗意家园（图8-43）。

为了高品质建设高铁新城，嘉兴城市总规划师团队吸纳广泛建议、组织专业技术，对站房功能、站成一体、协调功能、城市设计等进行本底规划研究，座谈多家国内外设计单位、开发企业和政府部门，最终于2020年7月28日发布嘉兴高铁新城概念方案国际征集，共收到4位院士、来自12个国家、101家设计咨询单位、共计42家联合体应征资格预审文件。经过城市总规划师团队的精心布局，于2020年8月进行第一阶段资格预审会，9月召开启动会和踏勘答疑会，10月进行中期交流，最终于2020年12月组织国内外知名专家学者对嘉兴高铁新城站城一体概念设计、余新片区城市设计方案的国际征集进行第二阶段专家评审会，最终评选出8个优秀方案，各方案除了突出枢纽体本身的概念构想，也强调南、北部区域的融合（图8-44、图8-45），通过多种交通与城市的无缝对接，为嘉兴未来融入长三角，与珠三角、京津冀便捷地直连直通出行，与上海、杭州、宁波、苏州同城化交流，以及中心城区与嘉兴市域各个城镇快速联通有机衔接，奠定了坚实的基础，具有超前的格局。

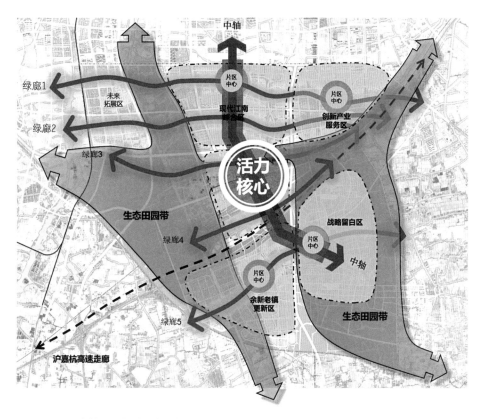

图8-42 嘉兴高铁新城规划结构示意图
图片来源：《嘉兴高铁新城发展规划》，东南大学城市规划设计研究院段进院士团队

图8-43 嘉兴高铁新城鸟瞰图
图片来源：图8-43～图8-45均引自：《嘉兴高铁新城城市设计》，中国生态城市研究院

图8-44　嘉兴高铁新城北部区域效果图
图片来源:《嘉兴高铁新城城市设计》,中国生态城市研究院

图8-45　嘉兴高铁新城南部区域效果图
图片来源:《嘉兴高铁新城城市设计》,中国生态城市研究院

参考文献

[1]　沈磊. 无限与平衡——快速城市化时期的城市规划[M]. 北京：中国建筑工业出版社，2007.

[2]　沈磊. 控制性详细规划[M]. 北京：中国建筑工业出版社，2015.

[3]　沈磊，张玮，马尚敏. 城市设计整体性管理实施方法建构——以天津实践为例[J]. 城市发展研究，2019，26（10）：28-36，47.

[4]　运迎霞. 城市规划中的土地问题研究[D]. 天津大学，2006.

[5]　张振焱. 新型城镇化背景下中国城市治理模式创新研究[D]. 郑州大学，2018.

[6]　郑德高，陆容立. 我国国家层面国土空间规划目标与战略的若干研究[J]. 上海城市规划，2020，154（5）：63-70.

[7]　吴次芳. 国土空间规划"破"与"立"[N]. 中国自然资源报，2019-8-7.

[8]　刘勇，李仙. 新一轮国土空间规划的基本思路——促进区域高质量协调发展与沿海三大核心区一体化[J]. 重庆理工大学学报（社会科学），2019，33（11）：1-11.

[9]　黄征学. 发展规划和国土空间规划协同的难点及建议[J]. 城市规划，2020，44（6）：9-14.

[10]　林坚. 国土空间规划理论与实践[J]. 西部人居环境学刊，2020，35（1）：4.

[11]　吴延辉. 中国当代空间规划体系形成、矛盾与改革[D]. 浙江大学，2006.

[12]　王丹. 中国城市规划技术体系形成与发展研究[D]. 东北师范大学，2003.

[13]　李亮. 中国城市规划变革背景下的城市设计研究[D]. 清华大学，2006.

[14]　赵传哲. 治理视角下城市更新的模式研究[D]. 山东大学，2020.

[15]　沈默予. 治理创新视角下城市中心区社区规模优化策略研究[D]. 重庆大学，2019.

[16]　张京祥，赵丹，陈浩. 增长主义的终结与中国城市规划的转型[J]. 城市规划，2013，37（1）：45-50，55.

[17]　张京祥，陈浩. 空间治理：中国城乡规划转型的政治经济学[J]. 城市规划，2014，38（11）：9-15.

[18]　王海荣. 空间理论视阈下当代中国城市治理研究[D]. 吉林大学，2019.

[19]　谢英挺. 基于治理能力提升的空间规划体系构建[J]. 规划师，2017，33（2）：24-27.

[20]　许景权. 基于空间规划体系构建对我国空间治理变革的认识与思考[J]. 城乡规划，2018（5）：14-20.

[21]　郑国. 基于城市治理的中国城市战略规划解析与转型[J]. 城市规划学刊，2016，231（5）：42-45.

[22]　武廷海. 国土空间规划体系中的城市规划初论[J]. 城市规划，2019，43（8）：9-17.

[23]　吴志强. 国土空间规划的五个哲学问题[J]. 城市规划学刊，2020，260（6）：7-10.

[24]　张艳芳，刘治彦. 国家治理现代化视角下构建空间规划体系的着力点[J]. 城乡规划，2018（5）：21-26.

[25]　任致远. 关于我国城乡规划法规体系建设简议[J]. 城市发展研究，2015，22（1）：16-21.

[26]　潘海霞，赵民. 关于国土空间规划体系建构的若干辨析及技术难点探讨[J]. 城市规划学刊，2020，255（1）：17-22.

[27]　孙施文. 关于城市治理的解读[J]. 国外城市规划，2002（1）：1-2.

[28]　许景权，沈迟，胡天新，等. 构建我国空间规划体系的总体思路和主要任务[J]. 规划师，2017，33（2）：5-11.

[29] 何明俊. 改革开放40年空间型规划法制的演进与展望[J]. 规划师, 2018, 34（10）: 13-18.

[30] 姚林. 大数据背景下我国城市治理的优化策略研究[D]. 南京大学, 2019.

[31] 宁晶. 将分类指南贯穿自然资源全生命周期管理——《国土空间调查、规划、用途管制用地用海分类指南（试行）》解读[J]. 资源与人居环境, 2020, 264（12）: 14-17.

[32] 彭芝芬. 国土空间规划传导体系构建及实施保障研究[D]. 华侨大学, 2020.

[33] 陈秉钊. 生态文明新时代的空间规划[J]. 城乡规划, 2019（2）: 116-118.

[34] 曹康, 张庭伟. 规划理论及1978年以来中国规划理论的进展[J]. 城市规划, 2019, 43（11）: 61-80.

[35] 余云州, 王朝宇, 陈川. 新时代省级国土空间规划的特性与构建——基于广东省的实践探索[J]. 城市规划, 2020, 44（11）: 23-29, 37.

[36] 庄少勤, 赵星烁, 李晨源. 国土空间规划的维度和温度[J]. 城市规划, 2020, 44（1）: 9-13, 23.

[37] 王伟. 国土空间整体性治理与智慧规划建构路径[J]. 城乡规划, 2019（6）: 11-17.

[38] 王军, 应凌霄, 钟莉娜. 新时代国土整治与生态修复转型思考[J]. 自然资源学报, 2020, 35（1）: 26-36.

[39] 吴燕. 新时代国土空间规划与治理的思考[J]. 城乡规划, 2019（1）: 11-20.

[40] 周岚, 施嘉泓, 崔曙平, 等. 新时代大国空间治理的构想——刍议中国新型城镇化区域协调发展路径[J]. 城市规划, 2018, 42（1）: 20-25, 34.

[41] 李鹏飞. 我国分区规划的发展及转型研究[D]. 南京大学, 2015.

[42] 许闻博. 面向城市空间治理的规划方法探索[D]. 东南大学, 2018.

[43] 姜涛, 李延新, 姜梅. 控制性详细规划阶段的城市设计管控要素体系研究[J]. 城市规划学刊, 2017, 236（4）: 65-73.

[44] 张洪巧. 空间治理视角下城市总体规划强制性内容变革研究[D]. 厦门大学, 2019.

[45] 司婧平. 空间治理视角下城市更新中的政府角色研究[D]. 大连理工大学, 2019.

[46] 黄玫. 国土空间规划体系变革影响规划权实施的博弈研究[J]. 北京规划建设, 2019, 188（5）: 85-90.

[47] 王剑锋. 城市设计管理的协同机制研究 [D]. 哈尔滨工业大学, 2016.

[48] 方创琳. 京津冀城市群协同发展的理论基础与规律性分析 [J]. 地理科学进展, 2017, 36（1）: 15-24.

[49] 谭小艳. 城乡规划中大数据和智慧城市技术的应用[J]. 城市建设理论研究（电子版）, 2019, 298（16）: 11.

[50] 何冬华. 空间规划体系中的宏观治理与地方发展的对话——来自国家四部委"多规合一"试点的案例启示[J]. 规划师, 2017, 33（2）: 12-18.

[51] 林坚, 赵晔. 国家治理、国土空间规划与"央地"协同——兼论国土空间规划体系演变中的央地关系发展及趋向[J]. 城市规划, 2019, 43（9）: 20-23.

[52] 胡敏. 贵阳城市空间"多规合一"协同治理研究[D]. 贵州大学, 2019.

[53] 任小蔚, 吕明. 广东省域城市设计管控体系建构[J]. 规划师, 2016, 32（12）: 31-36.

[54] 张京祥, 庄林德. 管治及城市与区域管治——一种新制度性规划理念[J]. 城市规划, 2000（6）: 36-39.

[55]　朱喜钢，崔功豪，黄琴诗. 从城乡统筹到多规合一——国土空间规划的浙江缘起与实践[J]. 城市规划，2019，43（12）：27-36.

[56]　孙忆敏，赵民. 从《城市规划法》到《城乡规划法》的历时性解读——经济社会背景与规划法制[J]. 上海城市规划，2008，79（2）：55-60.

[57]　文超祥，刘健枭. 传统城乡规划制度中的法律精神特征及启示[J]. 城市规划，2018，42（10）：18-22，62.

[58]　陈兵. 城市空间治理研究[D]. 华中科技大学，2019.

[59]　仇保兴. 城市经营、管治和城市规划的变革[J]. 城市规划，2004（2）：8-22.

[60]　陈志诚，樊尘禹. 城市层面国土空间规划体系改革实践与思考——以厦门市为例[J]. 城市规划，2020，44（2）：59-67.

[61]　汪昭兵. 1949年以来中国城市宏观空间规划演变研究[D]. 兰州大学，2010.

[62]　桑劲，董金柱. “多规合一”导向的空间治理制度演进——理论、观察与展望[J]. 城市规划，2018，42（4）：18-23.

[63]　赵广英，杜雁. “十四五”规划与近期建设规划的协同治理研究[J]. 规划师，2020，36（19）：14-21.

[64]　门晓莹. 中国城乡规划共同治理机制构建路径研究[D]. 哈尔滨工业大学，2017.

[65]　张尚武. 空间治理视角下规划体系运行的关键环节[J]. 中国建设信息化，2020，124（21）：24-25.

[66]　陈勇，周俊，钱家潍. 浙江省县市全域规划的演进与创新——从城镇体系规划、县市域总体规划到国土空间规划[J]. 城市规划，2020，44（S1）：5-9，25.

[67]　邓兴栋，何冬华，朱江. 空间规划实践的重心转移：从用地协调到共治规则的建立[J]. 规划师，2017，33（7）：55-60.

[68]　周俊，孙鹏，马浩. 城镇密集区跨县域协同发展的浙江实践与思考[J]. 城市规划，2020，44（S1）：19-25.

[69]　袁媛，何冬华. 国土空间规划编制内容的“取”与“舍”——基于国家、部委对市县空间规划编制要求的分析[J]. 规划师，2019，35（13）：14-20.

[70]　杨恒，何冬华. 国土空间总体规划中的用途留白策略探讨——以广州增城区为例[J]. 规划师，2020，36（12）：78-82.

[71]　严金明，张东昇，迪力沙提·亚库甫. 国土空间规划的现代法治：良法与善治[J]. 中国土地科学，2020，34（4）：1-9.

[72]　张京祥，林怀策，陈浩. 中国空间规划体系40年的变迁与改革[J]. 经济地理，2018，38（7）：1-6.

[73]　赵广英，杜雁. “十四五”规划与近期建设规划的协同治理研究[J]. 规划师，2020，36（19）：14-21.

[74]　刘健，周宜笑. 从土地利用到资源管治，从地方管控到区域协调——法国空间规划体系的发展与演变[J]. 城乡规划，2018（6）：40-47，66.

[75]　苏冬，刘健. 规划机构改革与空间治理现代化的路径选择[J]. 城市规划，2020，44（12）：18-27.

[76]　叶裕民，王晨跃. 改革开放40年国土空间规划治理的回顾与展望[J]. 公共管理与政策评论，2019，8（6）：25-39.

[77]　王海荣，韩建力. 中华人民共和国成立70年以来城市空间治理的历史演进与政治逻

辑[J]. 华中科技大学学报（社会科学版），2019，33（5）：12-19.

[78]   朱晓丹，叶超，李思梦. 可持续城市研究进展及其对国土空间规划的启示[J]. 自然
        资源学报，2020，35（9）：2120-2133.

[79]   石楠. 论城乡规划管理行政权力的责任空间范畴——写在《城乡规划法》颁布实施
        之际[J]. 城市规划，2008，242（2）：9-15，26.

[80]   战强，赵要伟，刘学，等. 空间治理视角下国土空间规划编制的认识与思考[J]. 规
        划师，2020，36（S2）：5-10.

[81]   [英] J·布赖恩·麦克洛克林著，王凤武译. 系统方法在城市和区域规划中的应用
        [M]. 北京：中国建筑工业出版社，2016.

[82]   贺业钜. 中国古代城市规划史[M]. 北京：中国建筑工业出版社，1996.

[83]   董鉴泓. 中国城市建设史[M]. 北京：中国建材工业出版社，2004.

[84]   汪德华. 中国城市思想史纲[M]. 南京：东南大学出版社，2005.

[85]   帕特里克·格迪斯. 进化中的城市[M]. 北京：中国建筑工业出版社，2012.

[86]   金经元. 近现代西方人本主义城市规划思想家霍华 德，格迪斯，芒福德[M]. 北京：
        中国城市出版社，1998.

[87]   魏宏森，曾国屏. 系统论——系统科学哲学[M]. 北京：清华大学出版社，1995.

[88]   吴兵，王铮. 城市生命周期及其理论模型 [J]. 地理与地理信息科学，2003（1）：55-
        58.

[89]   牛涛，邢飞，吴洪林.《孙子兵法》"博弈"思想浅析[J]. 军事历史，2020，234（3）：
        84-89.

[90]   赵万民，魏晓芳. 生命周期理论在城乡规划领域中的应用探讨 [J]. 城市规划学刊，
        2010，189（4）：61-65.

[91]   黄玫. 基于规划权博弈理论的国土空间规划实施监督体系构建路径[J]. 规划师，
        2019，35（14）：53-57.

[92]   付文晓. 规划博弈视角下广东省城市设计实施管理研究 [D]. 华南理工大学，2020.

[93]   曾山山，张鸿辉，崔海波，等. 博弈论视角下的多规融合总体框架构建[J]. 规划师，
        2016，32（6）：45-50.

[94]   沈磊，等. 天津城市设计读本[M]. 北京：中国建筑工业出版社，2016.

[95]   沈磊. 天津文化中心设计卷[M]. 北京：中国城市出版社，2012.

[96]   沈磊，孙洪刚. 效率与活力：现代城市街道活力[M]. 北京：中国建筑工业出版社，
        2007.

[97]   沈磊. 城市中心区规划[M]. 北京：中国建筑工业出版社，2013.

[98]   吴志强，李欣，于泓.2010年上海世博会园区规划与城市发展[J]. 建设科技，2007
        （11）：25-27.

[99]   唐子来，张泽，付磊，等. 总体城市设计的传导机制和管控方式——大理市下关片
        区的实践探索[J]. 城市规划学刊，2020，259（5）：18-24.

[100]   王承慧，姜若磐，蒋瑾涵，等. 总体城市设计风貌分区导则编制的问题与应对——
        以武夷山市中心城区为例[J]. 城市规划，2019，43（4）：53-62.

[101]   刘晟，张皓，熊健. 目标管理视角下的近期建设规划定位及规划思路探讨——以上
        海为例[J]. 城市规划学刊，2019，249（2）：83-89.

[102]   卢道典，蔡喆. 城市重大项目建设中传统村落景观特色的保护与传承——以广州小

谷围岛练溪村为例[J]. 现代城市研究, 2014 (4): 24-29.

[103]   王碧蓉. 城市治理视角下的北京老城公共空间微更新策略研究[D]. 北京工业大学, 2019.

[104]   张捷. 简论市级国土空间总体规划编制中的总体城市设计——以西宁市为例[J]. 城乡规划, 2020 (5): 56-64.

[105]   朱子瑜, 李明. 全程化的城市设计服务模式思考——北川新县城城市设计实践[J]. 城市规划, 2011, 35 (S1): 54-60.

[106]   杨芙蓉, 黄应霖. 我国台湾地区社区规划师制度的形成与发展历程探究[J]. 规划师, 2013, 29 (9): 31-35, 40.

[107]   陈可石, 魏世恩, 马蕾. "总设计师负责制"在城市设计实践中的探索和应用——以西藏鲁朗国际旅游小镇为例[J]. 现代城市研究, 2017 (5): 51-57, 66.

[108]   张佳. 成都乡村规划师制度的实践与展望[J]. 上海城市规划, 2020, 151 (2): 104-108.

[109]   吴志强. 上海世博会园区规划设计及其哲学思考[J]. 建筑学报, 2007, 470 (10): 34-37.

[110]   周俭. 探求理想和现实之间的平衡——上海世博会园区规划演进探析[J]. 规划师, 2006 (7): 34-38.

[111]   朱馨. 世博引领城市发展——访上海世博会园区总规划师、同济大学校长助理吴志强[J]. 今日浙江, 2010, 407 (8): 19-20.

[112]   朱嵘. 基于世博会人流组织的规划用地构成与策略——中国2010年上海世博会园区规划容量研究[J]. 规划师, 2006 (7): 43-46.

[113]   俞静. 集合世界智慧的上海世博会园区规划 [J]. 规划师, 2006 (7): 39-42.

[114]   王思政. "和谐城市"理念下的上海世博会园区规划[J]. 科学决策, 2006 (8): 12-13.

[115]   缪宇宁, 俞明健. 生态世博地下城——中国2010年上海世博会园区地下空间规划研究[J]. 规划师, 2006 (7): 57-59.

[116]   肖诚, 印实博, 毛伟伟, 等. 玉映深湾——深圳湾超级总部基地城市展厅[J]. 世界建筑导报, 2017, 32 (2): 38-45.

[117]   Claude Godefroy, Elva Tang, Hannah Zhang, 等. 深圳湾超级总部基地城市设计[J]. 建筑实践, 2020, 15 (1): 62-65.

[118]   张燕. 首钢老工业区更新改造面临的问题及策略研究[J]. 城市发展研究, 2015, 22 (5): 12-17.

[119]   施卫良, 冯斐菲, 沈体雁, 等. 责任规划师路在何方? [J]. 城市规划, 2020, 44 (2): 32-38.

[120]   吕回, 朱育帆. 后现代性想象——首钢群明湖公园后工业景观设计研究[J]. 中国园林, 2020, 36 (3): 27-32.

[121]   刘伯英, 李匡. 首钢工业遗产保护规划与改造设计[J]. 建筑学报, 2012, 521 (1): 30-35.

[122]   李兴钢, 郑旭航. "仓阁": 废弃工业建筑的新生——北京首钢工舍智选假日酒店设计[J]. 建筑学报, 2019, 613 (10): 81-85.

[123]   戴俊骋, 那鲲鹏. 老工业区更新对工人集体主义价值观的影响研究——以北京首钢

为例[J]. 城市发展研究，2020，27（5）：109-115.

[124] 陈跃中，刘剑，慕晓东. 废墟审美下的设计策略——首钢园区冬训中心与五一剧场地块景观设计解析[J]. 中国园林，2020，36（3）：33-39.

[125] 常湘琦，朱育帆. 碎片复写：高强度再利用背景下的首钢北京冬奥组委总部景观设计营建[J]. 中国园林，2020，36（3）：21-26.

[126] 赵蔚. 社区规划的制度基础及社区规划师角色探讨[J]. 规划师，2013，29（9）：17-21.

[127] 许志坚，宋宝麒. 民众参与城市空间改造之机制——以台北市推动"地区环境改造计划"与"社区规划师制度"为例[J]. 城市发展研究，2003（1）：16-20.

[128] 袁媛，杨贵庆，张京祥，等. 社区规划师——技术员or协调员[J]. 城市规划，2014，38（11）：30-36.

[129] 施索. 扎根社区、服务社区的北京责任规划师制度思考[J]. 北京规划建设，2020，191（2）：120-122.

[130] 苏枫，薛涛. 成都：150个乡村规划师重构乡镇生态[J]. 小康，2011，131（6）：69-73.

[131] 刘瑞莹. 我国乡村建设历程及乡村规划师制度探究[J]. 城市建筑，2020，17（22）：63-66，110.

[132] 张毅，刘美宏，张薇. 乡愁卫士——成都乡村规划师制度实践探索[J]. 四川建筑，2016，36（6）：72-74，77.

[133] 黄尚宁，秦耀遥，欧君. 绘制乡村蓝图 谋定振兴路径——广西乡村规划师挂点服务见闻[J]. 南方国土资源，2020，214（9）：14-16.

[134] 黄浩. 乡村振兴背景下对乡村规划师制度的思考[J]. 城市住宅，2019，26（5）：54-56.

[135] 刘利雄，王世福. 城市设计顾问总师制度实践探索——以广州国际金融城为例[J]. 城市发展研究，2019，26（8）：13-17.

[136] 张惜秒. 成都市乡村规划师制度研究[D]. 清华大学，2013.

[137] 程哲. 重点地区城市总设计师制度初探[D]. 华南理工大学，2018.

[138] 黄瓴，许剑峰. 城市社区规划师制度的价值基础和角色建构研究[J]. 规划师，2013，29（9）：11-16.

[139] 吴丹，王卫城. 深圳社区规划师制度的模式研究[J]. 规划师，2013，29（9）：36-40.

[140] 苏海龙. 设计控制的理论与实践 [D]. 同济大学，2007.

[141] 赵迪，王柳丹. 台湾宜兰县社区规划师及"驻地辅导计划"的发展与实践[J]. 现代城市研究，2019（12）：84-89.

[142] 祝贺，唐燕. 英国城市设计运作的半正式机构介入：基于CABE的设计治理实证研究[J]. 国际城市规划，2019，34（4）：120-126.

[143] 祝贺，唐燕. 新制度环境下对接精细化管理的重点地区城市设计——以北京中关村大街地区城市设计为例[J]. 规划师，2017，33（10）：17-23.

[144] 王玉，张磊. 发达国家和地区的城市设计控制方法初探[J]. 规划师，2007，138（6）：36-38.

[145] 成钢. 美国社区规划师的由来、工作职责与工作内容解析[J]. 规划师，2013，29

（9）：22-25.

[146] 薛文飞，朱晓玲. 城市设计全过程管理的若干思考——以上海为例[J]. 上海城市规划，2016，127（2）：72-76.

[147] 刘健. 注重整体协调的城市更新改造：法国协议开发区制度在巴黎的实践[J]. 国际城市规划，2013，28（6）：57-66.

[148] 尹名强，胡纹，李志立，等. 转型与发展：城市设计国家框架体系的构建思路——英国的经验教训与中国的发展[J]. 规划师，2019，35（3）：82-88.

[149] 付帅. 城市规划技术标准适度化研究[D]. 重庆大学，2014.

[150] 任小蔚，吕明. 城市设计视角下城市规划精细化管理思路与策略[J]. 规划师，2017，33（10）：24-28.

[151] 庞晓媚. 应对可持续发展的开发控制体系[D]. 华南理工大学，2018.

[152] 马朝阳. 基于城市设计的公共空间精细化管控研究[D]. 华南理工大学，2020.

[153] 老嘉俊. 基于城市设计的建筑设计管理控制研究[D]. 华南理工大学，2019.

[154] 黄静怡，于涛. 精细化治理转型：重点地区总设计师的制度创新研究[J]. 规划师，2019，35（22）：30-36.

[155] 林隽. 面向管理的城市设计导控实践研究[D]. 华南理工大学，2015.

[156] 杨俊宴. 总体城市设计的实施策略研究[J]. 城市规划，2020，44（7）：59-72.

[157] 周宜笑. 德国空间秩序规划与城市规划、专项规划的空间要素管理与协调[J]. 国际城市规划，2021，36（1）：99-108.

[158] 周宜笑. 德国规划法体系与《空间秩序法》简介[J]. 国际城市规划，2021，36（2）：143-152.

[159] 周宜笑，谭纵波. 德国规划体系空间要素纵向传导的路径研究——基于国土空间规划的视角[J]. 城市规划，2020，44（9）：68-77.

[160] 周宜笑. 国土空间规划土地用途管制思考——基于德国土地利用可持续发展的规划实践[J]. 城市规划，2020，44（10）：40-50.

[161] 黄雯. 美国的城市设计控制政策——以波特兰、西雅图、旧金山为例[J]. 规划师，2005（8）：91-94.

[162] 彭卓见，魏春雨. 美国城市设计管控研究[J]. 湖南科技大学学报（社会科学版），2020，23（4）：133-141.

[163] 陈婷婷，赵守谅. 制度设计下的法国协调建筑师的权力与规划责任[J]. 规划师，2014，30（9）：16-20.

[164] 黄大田. 以多层次设计协调为特色的街区城市设计运作模式——浅析日本千叶县幕张湾城的城市设计探索[J]. 国际城市规划，2011，26（6）：90-94.

[165] 高源. 美国现代城市设计运作研究[D]. 东南大学，2005.

[166] 黄雯. 美国三座城市的设计审查制度比较研究——波特兰、西雅图、旧金山[J]. 国外城市规划，2006（3）：83-87.

[167] 王嘉琪，吴越. 美国现代城市设计的起源、建立与发展介述[J]. 建筑师，2018，191（1）：67-73.

[168] 周俭. 探求理想和现实之间的平衡——上海世博会园区规划演进探析[J]. 规划师，2006（7）：34-38.

[169] 北尾靖雅，胡昊. 《城市协作设计方法》[J]. 上海城市规划，2011，99（4）：117.

[170] 全国政协文史和学习委员会，政协浙江省嘉兴市委员会. 运河名城：嘉兴[M]. 北京：中国文史出版社，2015.

[171] 史念. 嘉兴市志[M]. 北京：中国书籍出版社，1997.

[172] 董楚平. 吴越文化的三次发展机遇[J]. 浙江社会科学，2001，（5）：133-137.

[173] 胡发贵. 中国区域传统文化研究的丰硕成果——读《中国吴越文化丛书》[J]. 红旗文稿，2011，202（10）：37.

[174] 曾刚，曹贤忠，王丰龙，等. 长三角区域一体化发展推进策略研究——基于创新驱动与绿色发展的视角[J]. 安徽大学学报（哲学社会科学版），2019，43（1）：148-156.

[175] 刘一凡. 乡村振兴与"三治融合"路径研究[J]. 信阳农林学院学报，2020，30（4）：68-71.

[176] 赵欣. 吴越文化溯源[J]. 地域文化研究，2017，1（1）：47-60，154.

[177] 吕建华. 南湖烟雨情——从上海石库门到嘉兴南湖红船[J]. 党建，2020，391（7）：53-54.

[178] 吴振宇. 嘉兴市有轨电车与其他交通系统的衔接研究[J]. 城市轨道交通研究，2020，23（S1）：47-51.

[179] 余欢. 嘉兴市有轨电车线网规划要点分析[J]. 城市轨道交通研究，2020，23（S1）：1-4，8.

[180] 陈晖. 嘉兴市全域轨道交通体系发展策略研究[J]. 城市轨道交通研究，2020，23（S1）：30-33，37.

[181] 张开盛，张玉. 嘉兴市城市轨道交通环线规划方案研究[J]. 城市轨道交通研究，2020，23（S1）：52-57，62.

[182] 马仲坤. 基于历史情境的空间设计和活化——以嘉兴南湖湖滨区域改造提升工程为例[J]. 中国园林，2020，36（S2）：50-53.

[183] 肖滨. 构筑共和国的微观基础——对桐乡"三治融合"实践经验尝试性的一种理论解读[J]. 治理研究，2020，36（6）：11-12.

[184] 张伟然，宋可达. 从吴地到越地：吴越文化共轭中的湖州[J]. 中国历史地理论丛，2018，33（1）：21-32.

[185] 盛勇军. "三治融合"桐乡经验持续创新[J]. 政策瞭望，2020，214（10）：23-24.

后记

城市是人口和各类资源的高度聚集空间，集中呈现了现代国家治理运行的方式和面临的主要问题。规划治理作为国家治理的重要组成部分，其不断地创新变革，改进城市的治理水平，日益成为现代城市规划理论和实践的基本共识。在前期天津城市建设的实践基础上，结合规划管理和实施的理论总结，通过嘉兴建党百年的规划建设工作，进行高质量空间规划治理的体制机制创新，率先全国探索技术管理与行政管理"1+1"的"城市总规划师模式"。以具有首创精神的嘉兴为开端，为其他城市高质量建设输出可借鉴的模式，通过整体性的思维和全生命周期的理念统筹城乡的规划、管理、建设、运营等环节，完成保护、更新、建设等工作，真正实现"一张蓝图"绘到底。

本书系统总结和梳理了我国城市规划治理的发展脉络、理论发展和实践探索，阐述了城市总规划师模式的理论创新，并以嘉兴建党百年的规划建设为案例，论述了城市总规划师模式的实践方式。在众多参编人员的共同努力下，历经数月终于成型。本书旨在系统总结城市总规划师的理论特征和实践案例，深入提炼城市规划治理发展的创新模式和特征，是我国城市规划治理发展演变的里程碑，为城市规划和规划治理的同行们提供借鉴。

诚挚感谢嘉兴市委市政府、人大、政协、各区和各主管部门的领导，进行高质量空间规划治理的体制机制创新和技术管理与行政管理"1+1"的"城市总规划师模式"探索。诚挚感谢城市规划理论、管理、设计等方面的专家学者，为总规划师模式的工作奠定了坚实的理论基础，创新规划治理的理论水平，形成了科学、开放的技术体系。诚挚感谢中外高水平的设计、运营和建设团队和机构，他们精湛的专业技术和开拓性的创新精神，以及辛劳的付出促进了嘉兴城市面貌的不断更新，在他们的勤劳耕耘下，将一张张蓝图转化成为嘉兴新的城市地标和名片。诚挚感谢中外城市规划、建筑、文化、交通、生态等方面的专家学者，以设计、评审、研究、指导等各种方式参与嘉兴建党百年工作，其中特别感谢吴良镛院士、仇保兴理事长、宋春华理事长、马国馨院士、孟兆祯院士、程泰宁院士、崔愷院士、王建国院士、孟建民院士、常青院士、段进院士、陈军院士、庄惟敏院士、唐凯、孙安军、张兵、刘力、刘景梁、周恺、崔彤、邵伟平、李晓江、吕斌、伍江、曹嘉明、俞孔坚、张利、马岩松、朱儁夫、杨沛儒、黄文亮及城市科学研究会总师专业委员会的主任委员、秘书处和各位专家对嘉兴规划建设的热情关注和真诚指导。

最后，感谢为此书的编撰出版辛勤付出的人们，没有他们夜以继日地工作，此书很难如期完成。因时间所限，写作过程中难免有所疏漏和不妥，望批评指正。

图书在版编目（CIP）数据

城市总规划师模式 = City Chief Planner Mode：
Jiaxing Practice：嘉兴实践 / 沈磊编著.—北京：
中国建筑工业出版社，2021.12
　ISBN 978-7-112-26948-8

　Ⅰ.①城… Ⅱ.①沈… Ⅲ.①城乡规划—研究—嘉兴
Ⅳ.①TU984.255.3

中国版本图书馆CIP数据核字（2021）第259978号

责任编辑：欧阳东　石枫华　兰丽婷
责任校对：王誉欣

城市总规划师模式　嘉兴实践
City Chief Planner Mode: Jiaxing Practice
沈磊　编著
*
中国建筑工业出版社出版、发行（北京海淀三里河路9号）
各地新华书店、建筑书店经销
北京锋尚制版有限公司制版
天津图文方嘉印刷有限公司印刷
*
开本：787毫米×1092毫米　1/16　印张：14½　字数：252千字
2021年11月第一版　　2021年11月第一次印刷
定价：158.00元
ISBN 978-7-112-26948-8
　　　（38709）